网络与新媒体专业系列丛书

新媒体制作技术

于子淞 编著

清华大学出版社

北京

内 容 简 介

本书作为新媒体制作技术的教学用书，采用任务式教学模式，融合丰富的项目实训案例，系统、全面地介绍新媒体内容创作、图像制作、视频制作、音频制作、交互设计、直播技术，以及内容发布与推广的方法。

本书共包含 8 个项目，项目 1 讲解新媒体与新媒体制作技术；项目 2 讲解新媒体内容创作基础；项目 3 讲解新媒体图像制作技术；项目 4 讲解新媒体视频制作技术；项目 5 讲解新媒体音频制作技术；项目 6 讲解新媒体交互设计技术；项目 7 讲解新媒体直播技术；项目 8 讲解新媒体内容发布与推广。

本书内容全面，专业性较强，能够切实有效地帮助读者掌握新媒体制作技术方面的知识和技能。本书可作为新媒体从业者学习新媒体制作技术的入门指南，也可作为高等学校新媒体相关课程的实用教材。

图书在版编目 (CIP) 数据

新媒体制作技术 / 于子淞编著 . -- 北京 : 清华大学出版社 , 2025. 5.
(网络与新媒体专业系列丛书). --ISBN 978-7-302-69123-5

Ⅰ. TP37

中国国家版本馆 CIP 数据核字第 2025NV4131 号

责任编辑：黄　芝　李　燕
封面设计：刘　键
版式设计：方加青
责任校对：徐俊伟
责任印制：宋　林

出版发行：清华大学出版社
　　　　网　　　址：https://www.tup.com.cn，https://www.wqxuetang.com
　　　　地　　　址：北京清华大学学研大厦 A 座　　　　　邮　　编：100084
　　　　社 总 机：010-83470000　　　　　　　　　　　邮　　购：010-62786544
　　　　投稿与读者服务：010-62776969，c-service@tup.tsinghua.edu.cn
　　　　质 量 反 馈：010-62772015，zhiliang@tup.tsinghua.edu.cn
印 装 者：三河市铭诚印务有限公司
经　　销：全国新华书店
开　　本：185mm×260mm　　　印　　张：18　　　字　　数：408 千字
版　　次：2025 年 6 月第 1 版　　印　　次：2025 年 6 月第 1 次印刷
印　　数：1 ～ 2000
定　　价：79.80 元

产品编号：108238-01

前言

本书的编写初衷

由于新媒体符合互联网的发展趋势，能够满足企业的多元化需求，并提供更具针对性的营销解决方案，因此受到企业的追捧。新媒体具有多种优势，可以帮助企业降低成本、扩大市场覆盖度、提升品牌形象、提高营销效率，是现代企业营销策略中不可或缺的一部分。

值得一提的是，新媒体对于企业而言是机会，对于新媒体制作者而言更是机会。不少新媒体制作者涌入新媒体市场，希望分得一杯羹。为了让更多人获得新媒体制作技术的理论与实践知识，编者为新媒体制作者量身打造了这本项目实战教材，旨在帮助学习者全面掌握新媒体内容创作、图像制作、视频制作、音频制作、交互设计、直播技术、内容发布与推广等新媒体技术的实用技巧，以创作出高质量的内容。

本书的内容

本书遵循理论与实践相结合的理念，全面系统地介绍了新媒体内容创作、图像制作、视频制作、音频制作、交互设计、直播技术、内容发布与推广的方法。编者深知理论是指导实践的基础，因此本书在介绍理论知识的同时，结合了大量的实际案例和实践经验，帮助读者更好地理解和应用所学的知识。

本书共分为 8 个项目。

项目 1：讲解新媒体与新媒体制作技术，包括新媒体的相关概念、新媒体的特点和形态、新媒体的行业发展现状、认识新媒体制作技术、新媒体制作技术的应用领域等内容。

项目 2：讲解新媒体内容创作基础，包括新媒体内容概述、新媒体内容创作的原则与要点、新媒体内容创作的流程与方法等内容。

项目 3：讲解新媒体图像制作技术，包括数字图像处理基础知识、图像采集与处理技术、图像编辑与修饰工具、图像创意设计与应用等内容。

项目 4：讲解新媒体视频制作技术，包括视频拍摄与采集技术、视频编辑与合成技术、视频输出与发布技术等内容。

项目 5：讲解新媒体音频制作技术，包括音频设备与录音技巧、音频编辑与处理软件、音频输出与发布等内容。

项目6：讲解新媒体交互设计技术，包括交互设计的基础与原则、交互界面设计、交互设计与用户体验等内容。

项目7：讲解新媒体直播技术，包括直播技术基础、搭建直播间、直播内容策划，以及直播营销与推广等内容。

项目8：讲解新媒体内容发布与推广，包括新媒体平台与发布渠道、新媒体内容推广策略、新媒体数据分析与优化、新媒体内容运营与管理等内容。

在本书的编写过程中，尽管编者着力打磨内容，精益求精，但由于个人水平有限，书中难免有不足之处，欢迎广大读者提出宝贵意见和建议，以便后续的修订。

编者

2025 年 2 月

目录

项目 1　新媒体与新媒体制作技术

　　随着互联网、人工智能等信息技术的不断进步，新媒体领域正经历着前所未有的变革。为应对这些变化，深入理解新媒体的发展方向与特性变得至关重要。本项目致力于全面剖析新媒体的概念、发展历程、核心特点及多样类型，同时深入探讨新媒体技术的内涵、广泛应用领域及未来发展趋势。通过系统学习本项目内容，读者将能够构建起对新媒体及其技术的宏观认知框架，为后续深入学习相关新媒体技术奠定坚实基础。

本项目学习要点

- 熟悉新媒体的基础知识
- 熟悉新媒体制作技术的基础知识
- 了解新媒体制作技术的应用领域
- 了解新媒体制作技术的前景
- 熟悉新媒体的制作流程

任务 1.1　认识新媒体

近年来，随着互联网的迅猛发展，新媒体作为一种新发展的媒体形态，为各行各业提供了新的营销平台。只有在了解新媒体的基本知识后，才能了解新媒体的制作技术。下面将对新媒体的相关定义、特点等基础知识进行讲解。

子任务 1.1.1　新媒体的概念

新媒体是指依托新的技术支撑体系出现的媒体形态，它是利用数字技术，通过计算机网络、无线通信网、卫星等渠道，以及计算机、手机、数字电视机等终端，向用户提供信息和服务的传播形态。从空间上来看，"新媒体"特指当下与"传统媒体"相对应的，以数字压缩和无线网络技术为支撑，利用其大容量、实时性和交互性，可以跨越地理界线最终得以实现全球化的媒体。

新媒体是一个相对宽泛的概念，可以从如图 1-1 所示的 4 个角度来理解和探讨。

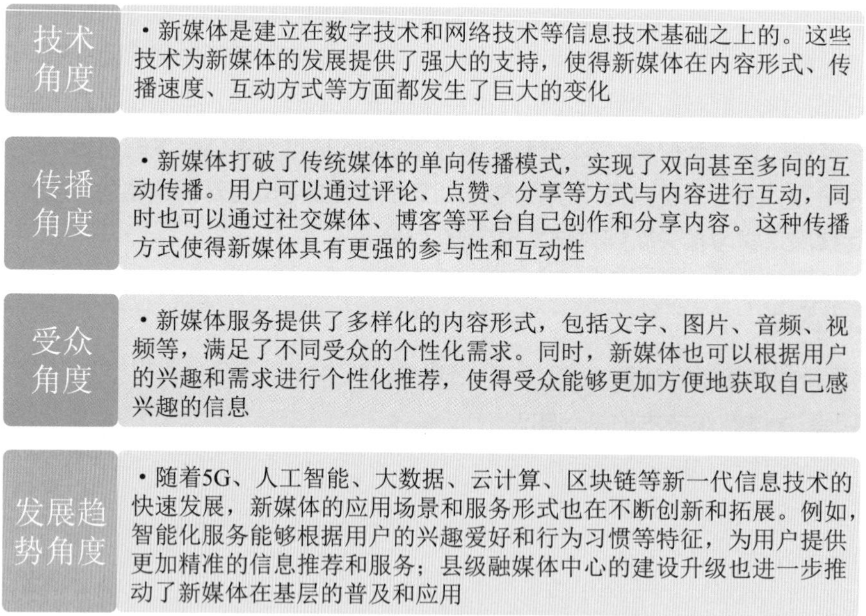

技术角度	• 新媒体是建立在数字技术和网络技术等信息技术基础之上的。这些技术为新媒体的发展提供了强大的支持，使得新媒体在内容形式、传播速度、互动方式等方面都发生了巨大的变化
传播角度	• 新媒体打破了传统媒体的单向传播模式，实现了双向甚至多向的互动传播。用户可以通过评论、点赞、分享等方式与内容进行互动，同时也可以通过社交媒体、博客等平台自己创作和分享内容。这种传播方式使得新媒体具有更强的参与性和互动性
受众角度	• 新媒体服务提供了多样化的内容形式，包括文字、图片、音频、视频等，满足了不同受众的个性化需求。同时，新媒体也可以根据用户的兴趣和需求进行个性化推荐，使得受众能够更加方便地获取自己感兴趣的信息
发展趋势角度	• 随着5G、人工智能、大数据、云计算、区块链等新一代信息技术的快速发展，新媒体的应用场景和服务形式也在不断创新和拓展。例如，智能化服务能够根据用户的兴趣爱好和行为习惯等特征，为用户提供更加精准的信息推荐和服务；县级融媒体中心的建设升级也进一步推动了新媒体在基层的普及和应用

图 1-1　新媒体角度

综上所述，新媒体是一个具有多样化特征和发展潜力的领域，其角度涉及技术、传播、受众和发展趋势等多个方面。在实际应用中，需要根据具体场景和需求选择合适的角度和方法来进行分析和应用。

子任务 1.1.2　新媒体的分类

新媒体的分类可以根据不同的标准来划分，图 1-2 是几种常见的分类方式。

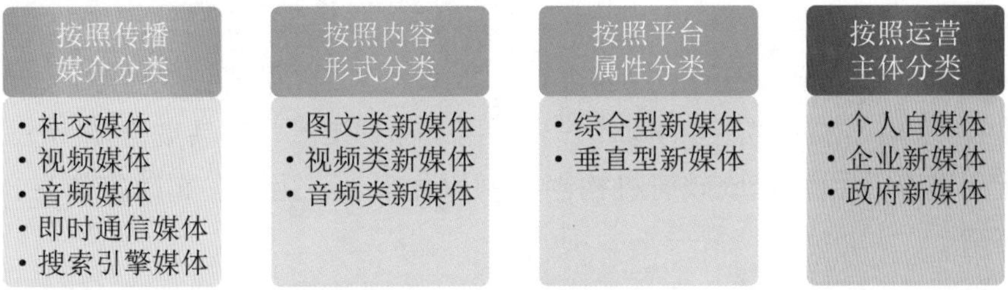

图 1-2　新媒体的分类

下面将对新媒体的各个分类进行详细介绍。

1. 按照传播媒介分类

按照传播媒介可以将新媒体分成社交媒体、视频媒体、音频媒体、即时通信媒体和搜索引擎媒体 5 个类型。

- 社交媒体：该类型包含微信、微博、QQ、知乎、豆瓣等，主要以用户之间的社交交流为主。
- 视频媒体：该类型包含抖音、快手、B 站、Twitch 等，主要以视频为主要传播形式，涵盖各种类型的视频内容。
- 音频媒体：该类型包含博客、播客、喜马拉雅、Spotify 等，主要以音频为主要传播形式，内容涵盖电台节目、音乐、戏曲、有声书等。
- 即时通信媒体：该类型包含 QQ、微信、Skype 等，主要以即时沟通为主要形式，方便人们进行文字、图片、视频、语音等多种形式的信息交流。
- 搜索引擎媒体：该类型包含 Google、百度、微软必应等，主要以搜索为主要方式，便于用户获取所需的信息。

2. 按照内容形式分类

按照内容形式可以将新媒体分成图文类、视频类和音频类 3 个类型。

- 图文类新媒体：该类型包含博客、微信公众号、头条号等，以文字和图片为主要表现形式。
- 视频类新媒体：该类型包含抖音、快手、B 站等，以视频为主要表现形式，内容形式丰富多样。
- 音频类新媒体：该类型包含喜马拉雅 FM、荔枝 FM、得到等，以音频为主要表现形式，满足用户的听觉需求。

3. 按照平台属性分类

按照平台属性可以将新媒体分成综合型和垂直型两种类型，下面将分别进行介绍。

- 综合型新媒体：该类型包含门户网站、新闻客户端等，提供多元化的信息和服务。
- 垂直型新媒体：专注于某一领域或行业的媒体，如财经新媒体、科技新媒体等。

4. 按照运营主体分类

按照运营主体可以将新媒体分成个人自媒体、企业新媒体和政府新媒体三大类型，下面将分别进行介绍。

- 个人自媒体：由个人创建的媒体平台，如个人博客、微信公众号等。
- 企业新媒体：由企业创建的媒体平台，用于品牌推广、产品宣传等。
- 政府新媒体：由政府或政府机构创建的媒体平台，用于发布政策信息、提供公共服务等。

需要注意的是，新媒体的分类并不是绝对的，不同的分类方式之间可能存在交叉和重叠。同时，随着新媒体技术的不断发展和创新，新的媒体形态和平台也会不断涌现。

子任务 1.1.3　新媒体的特点

新媒体具有许多特点，如数字化、实时性、交互性、个性化等。它为人们提供了更便捷、更高效的获取信息的途径，同时也为市场营销、教育、文化娱乐、公共服务等领域带来了新的机遇和挑战。新媒体具有 8 个显著特点，如图 1-3 所示。

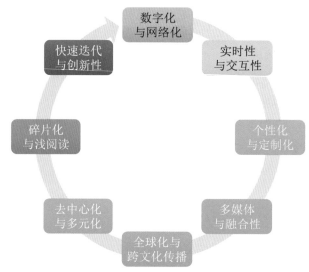

图 1-3　新媒体的特点

下面将对新媒体的各个特点分别进行介绍。

- 数字化与网络化：新媒体的基础是数字技术和网络技术。它们通过数字化的形式存储和传输信息，如文字、图片、音频、视频等，使得信息的获取、传播和存储变得更加方便和高效。同时，新媒体通过网络连接全球，打破了地理和时间的限制，使得信息传播的范围更加广泛。

- 实时性与交互性：新媒体具有极高的实时性，能够即时更新和发布信息，满足用户对最新资讯的需求。同时，新媒体还具有强大的交互性，用户可以通过社交媒体、在线论坛、即时通信工具等方式参与信息的传播和讨论，实现信息的双向流动。

- 个性化与定制化：新媒体能够根据用户的兴趣、需求和行为习惯，提供个性化的信息和服务。通过算法分析，新媒体可以精准推送用户感兴趣的内容，提高用户满意度和忠诚度。此外，新媒体还支持用户定制化服务，如个性化新闻推送、定制化广告等。

- 多媒体与融合性：新媒体可以整合文字、图片、音频、视频等多种媒体形式，为用户提供丰富的信息体验。同时，新媒体还具有融合性，可以将传统媒体和新媒体进行有机融合，实现信息的互补和共享。
- 全球化与跨文化传播：新媒体的发展促进了信息的全球化传播，使得不同国家和地区的文化、思想、价值观等得以交流和碰撞。同时，新媒体也为跨文化传播提供了便利条件，使得不同文化之间的理解和认同变得更加容易。
- 去中心化与多元化：新媒体打破了传统媒体的中心化传播模式，使得每个人都可以成为信息的发布者和传播者。这种去中心化的特点使得信息来源更加多元，内容更加丰富多样。同时，新媒体也促进了文化的多元化发展，为各种文化形态提供了展示和交流的平台。
- 碎片化与浅阅读：随着移动互联网的普及和智能设备的普及化，人们的阅读时间越来越碎片化。新媒体适应这种趋势，提供了短小精悍、易于消化的内容形式，如短视频、微博、微信公众号等。这种浅阅读方式使得信息的获取更加便捷，但也可能导致信息获取的片面性和不完整性。
- 快速迭代与创新性：新媒体技术发展迅速，不断推出新的应用和服务。新媒体企业也需要不断创新和迭代产品以满足用户的需求和市场的变化。这种快速迭代和创新性的特点使得新媒体具有强大的生命力和竞争力。

子任务 1.1.4 新媒体的形态

新媒体的形态多种多样，它们依托新的技术支撑体系出现，利用数字技术，通过计算机网络、无线通信网、卫星等渠道，以及计算机、手机、数字电视机等终端，向用户提供信息和服务的传播形态。

从广义上看，新媒体包括两大类：一类是基于技术进步引起的媒体形态的变革，尤其是基于无线通信技术和网络技术出现的媒体形态，如数字电视、IPTV（Internet Protocol Television，交互式网络电视）、手机终端等；另一类是随着人们生活方式的转变，以前已经存在，现在才被应用于信息传播的载体，例如楼宇电视、车载电视等。狭义的新媒体仅指第一类，基于技术进步而产生的媒体形态。

具体来说，新媒体的形态包括微博、微信公众号、视频平台、社交媒体和博客等，下面将对其分别进行介绍。

1. 微博

微博是一种基于互联网的短文本信息发布平台，用户可以通过发布短文本、图片、视频等形式来表达自己的观点和分享信息。微博具有即时性和广泛传播的特点，可以迅速传达信息并引发讨论。图 1-4 所示为某博主的微博动态页面。

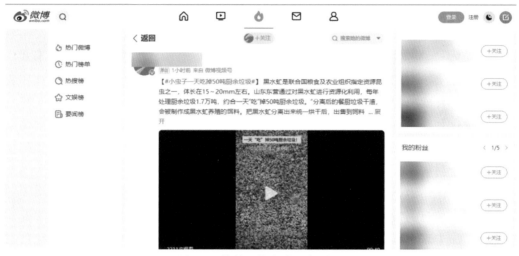

图 1-4　某博主的微博动态页面

2. 微信公众号

微信公众号是一种通过微信平台发布信息的媒体形式，个人或组织可以通过公众号向订阅者推送文章、图片、视频等内容。例如，某微信公众号中发布的商品信息如图 1-5 所示，微信用户根据提示扫描二维码即可跳转到商品购买页面购买该商品，如图 1-6 所示。

图 1-5　某微信公众号中发布的商品信息　　　图 1-6　商品购买页面

3. 视频平台

通过互联网发布和传播视频内容的平台，如 YouTube、抖音、快手等。这些平台允许用户上传、分享和观看各种类型的视频内容。如图 1-7 所示为抖音和快手的 App 主页面。

图 1-7 抖音和快手的 App 主页面

4. 社交媒体

社交媒体是指通过互联网和社交网络平台进行信息传播和交流的媒体形式，如 Meta、Twitter、Instagram 等。社交媒体提供了用户之间的互动和分享功能，可以快速传播信息并形成社交网络。图 1-8 所示为 Instagram 的 App 主页面。

图 1-8 Instagram 的 App 主页面

5. 博客

博客是一种个人或机构通过互联网发布文章和观点的平台，博客作者可以定期更新博客内容，与读者进行交流和互动。图 1-9 所示为新浪博客的主页界面。

图 1-9　新浪博客的主页界面

6. 网络直播

网络直播指通过互联网实时传输音频和视频内容的形式，如游戏直播、教育直播、娱乐直播等。网络直播具有实时性、互动性和真实性的特点，吸引了大量用户的关注和参与。

图 1-10 所示为网络直播页面。

图 1-10　网络直播页面

此外，新媒体的形态还包括虚拟社区、在线论坛、新闻网站、数字杂志等多种形式。这些新媒体形态共同构成了当代信息传播的重要渠道和平台，对人们的生活方式、工作方式和社会形态产生了深远的影响。

子任务 1.1.5 新媒体的行业发展现状

新媒体的出现打破了传统媒体的定义，使人们从信息的接收者变成了信息的传播者和生产者，也极大地扩大了信息的传播范围和影响力。如同任何一个新生事物一样，新媒体的发展也是从无到有、由小到大，不断更替变化的。

新媒体的行业发展呈现出多个积极的趋势，这些趋势不仅推动了行业的快速增长，也塑造了未来的发展方向。新媒体行业发展现状有以下几个方面。

1. 市场规模的扩大

随着移动互联网的普及和智能手机用户数量的增长，新媒体业的市场规模持续扩大。人们越来越倾向于通过移动设备获取信息和娱乐内容，这为新媒体平台提供了巨大的发展空间。

2. 视频内容的崛起

视频内容已成为新媒体业的重要组成部分，并呈现出爆发性增长。高质量的视频内容满足了用户对于多元化和个性化内容的需求，推动了视频平台的发展。

3. 社交媒体的兴起

社交媒体平台的用户规模不断扩大，成为用户获取信息、分享内容和进行互动的重要渠道。社交媒体平台通过提供丰富的互动功能和用户体验，吸引了大量用户，进一步推动了新媒体行业的发展。

4. 个性化服务的需求

随着用户对个性化、定制化的服务期望的增加，新媒体平台通过数据分析和人工智能技术提供个性化推荐和定制化服务，获得了更多用户的关注。这种个性化服务不仅提高了用户体验，也增加了用户黏性。

5. 技术的创新

虚拟现实（Virtual Reality，VR）和增强现实（Augmented Reality，AR）等技术的融合为新媒体行业带来了新的发展机遇。这些技术使得用户可以更加深入地沉浸在虚拟世界中，与新媒体内容进行更加紧密的互动，为新媒体创作提供了更加广阔的空间和可能性。

6. 跨界融合与创新发展

新媒体行业正与其他产业进行更多的跨界融合和创新发展。例如，新媒体与电商、教育、旅游等产业的结合，将创造出更多具有创新性和实用性的产品和服务，满足用户多元化的需求。这种跨界融合不仅推动了新媒体行业的增长，也促进了其他产业的升级和发展。

7. 商业模式创新

新媒体行业正在不断探索新的商业模式，以适应快速变化的市场环境。例如，新媒体广告计费模式日趋多样化，包括 CPM（Cost Per Mille，按每千次展示计费）、CPC（Cost

Per Click，按每次点击计费）和 CPA（Cost Per Action，按用户行动计费）等。这些计费模式不仅为广告主提供了更多的选择，也为新媒体平台带来了更多的商业机会。

总的来说，新媒体行业的发展前景广阔，但也面临着一些挑战，例如，如何保证内容质量、如何保护用户隐私、如何应对市场竞争等。为了应对这些挑战，新媒体平台需要不断创新和改进，以满足用户需求并保持竞争力。

任务 1.2 认识新媒体制作技术

新媒体制作技术是指基于数字技术、网络技术、移动通信技术等现代信息技术，通过计算机、手机、数字电视机等终端，向用户提供信息和服务的传播形态。下面将对新媒体制作技术的相关基础知识进行详细讲解。

子任务 1.2.1 什么是新媒体制作技术

新媒体制作技术是指利用数字化技术、网络技术、移动通信技术等现代科技手段，进行新媒体内容创作、编辑、发布和管理的技术集合。这些技术涵盖从音频、视频、图像等多媒体素材的采集、处理到新媒体平台的运营、推广等各个环节。

新媒体制作技术涉及一系列的技术和工具，这些技术主要用于创建、编辑、发布和管理新媒体内容。目前，新媒体制作技术所涉及的技术包含数字化技术、网络技术和移动通信技术等，下面将分别进行介绍。

- 数字化技术：该技术是新媒体制作的基础，它使得所有的信息都以数字形式存在，从而方便存储、传输和处理。数字化技术包括音频编辑软件、视频编辑软件、图像处理软件等，这些软件可以对原始素材进行编辑、加工和合成，以制作出符合需求的新媒体内容。

- 网络技术：该技术是新媒体制作中不可或缺的一部分。通过网络技术，新媒体内容可以迅速传播到世界各地，实现信息的快速共享和交流。同时，网络技术也提供了丰富的资源和平台，使得新媒体制作者可以更方便地获取素材、寻找灵感和与观众互动。

- 移动通信技术：该技术为新媒体制作提供了更多的可能性。随着智能手机的普及和移动互联网的发展，人们可以随时随地接收和发布新媒体内容。这使得新媒体制作者可以更加灵活地创作和发布内容，同时也为观众提供了更加便捷的观看和互动体验。

除以上技术外，新媒体制作还需要掌握一些专业的技能和知识，如摄影、摄像、剪辑、配音、动画设计等。这些技能和知识可以帮助制作者更好地掌握新媒体制作的各个环节，提高制作效率和质量。

总之，新媒体制作技术是一个综合性的领域，需要掌握多种技术和工具，同时也需要不断学习和更新知识，以适应新媒体行业的快速发展和变化。

子任务 1.2.2　新媒体制作技术的特点

新媒体制作技术具有数字化与高效性、多媒体融合性、实时性与互动性、个性化与定制化、创新性与探索性、跨平台与多终端兼容性以及灵活性与可拓展性等多个特点，如图 1-11 所示。通过这些特点，可以为新媒体内容的创作、传播和管理提供强有力的支持。

图 1-11　新媒体制作技术的特点

下面将对新媒体制作技术的各个特点进行详细介绍。

- 数字化与高效性：新媒体制作技术以数字技术为基础，使得内容创作、编辑和发布过程更加高效。数字化使得信息存储、传输和处理变得极为方便，大大提高了工作效率。
- 多媒体融合性：新媒体制作技术能够融合文字、图片、音频、视频等多种媒体形式，为用户提供丰富多彩的感官体验。这种融合性使得新媒体内容更具吸引力和表现力，能够更好地满足用户的多样化需求。
- 实时性与互动性：新媒体制作技术支持实时内容发布和更新，使用户能够迅速获取最新信息。同时，新媒体平台提供了丰富的互动功能，如评论、点赞、分享等，使用户能够积极参与内容传播和讨论。
- 个性化与定制化：新媒体制作技术允许用户根据自己的需求和兴趣定制内容，实现个性化服务。通过数据分析和用户行为跟踪，新媒体平台可以为用户提供更加精准的内容推荐和个性化服务。
- 创新性与探索性：新媒体制作技术不断推动内容形式的创新，如虚拟现实、增强现实、混合现实（Mixed Reality，MR）等技术的应用，为用户带来全新的体验。同时，新媒体制作技术也在不断探索新的应用领域和商业模式，为行业发展注入新的活力。
- 跨平台与多终端兼容性：新媒体制作技术可以适应不同平台和终端的需求，如手机、平板、计算机等，实现跨平台内容发布和共享。这种兼容性使得新媒体内容能够覆盖更广泛的用户群体，提高内容的传播效果。
- 灵活性与可拓展性：新媒体制作技术具有较高的灵活性和可拓展性，可以根据项目需求和技术发展进行快速调整和升级。这种灵活性使得新媒体制作能够适应快速变化的市场环境和用户需求。

子任务 1.2.3　新媒体制作技术的分类

新媒体制作技术涉及图像处理、动画制作、视频剪辑等多个领域，其主要分类如图 1-12
所示。

下面将对新媒体制作技术的各个分类进行详细介绍。

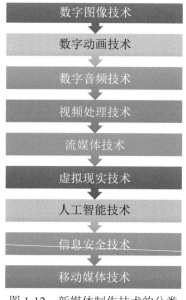

- 数字图像技术：数字图像技术是新媒体制作中不可
或缺的技术之一，主要用于图像的获取、处理、存
储和传输。数字图像技术可以大大提高图像的清晰
度和质量，使得新媒体内容更加丰富和生动。

- 数字动画技术：数字动画技术是通过计算机软件来
创建、编辑和展示动画的一种技术。在新媒体制作
中，数字动画技术被广泛应用于各种动画、特效和
广告的制作中。

- 数字音频技术：数字音频技术主要关注音频信号的
数字化处理，包括音频信号的采集、编码、存储、
传输和播放等。在新媒体制作中，数字音频技术被
广泛应用于音频内容的制作和编辑中。

图 1-12　新媒体制作技术的分类

- 视频处理技术：视频处理技术是一种对视频信号进
行数字化处理的技术，包括视频的剪辑、合成、特效制作和压缩等。在新媒体制
作中，视频处理技术被广泛应用于各种视频内容的制作和编辑中，如短视频、广
告、电影等。

- 流媒体技术：流媒体技术是一种使音频、视频和其他多媒体内容能够在互联网上
实时传输和播放的技术。流媒体技术可以实现边下载边播放，大大提高了用户的
观看体验。

- 虚拟现实技术：虚拟现实技术可以为用户提供沉浸式的交互体验，使新媒体内容
更加生动和真实。在新媒体制作中，虚拟现实技术被广泛应用于游戏、教育、旅
游等领域。

- 人工智能（Artificial Intelligence，AI）技术：人工智能技术可以应用于新媒体制作
的各个环节，如智能推荐、情感分析、智能问答等。人工智能技术可以大大提高
新媒体内容的生产效率和用户体验。

- 信息安全技术：在新媒体环境中，信息安全技术用于保护数据的安全性和完整性，
防止数据泄露、篡改和非法访问。包括防火墙技术、安全扫描技术和数字密码技
术等。

- 移动媒体技术：移动媒体技术涉及通过移动设备（如智能手机、平板电脑等）进
行信息传播的技术。这些技术使得用户能够随时随地访问和分享新媒体内容。

除以上这些技术外，新媒体制作技术还包括信息存储技术、社交媒体技术、移动终端数字技术等。这些技术的不断发展和应用为新媒体制作提供了更多的可能性和创新空间。

子任务 1.2.4　新媒体制作技术的发展历程

新媒体制作技术的发展历程可以概括为以下几个阶段，下面将分别进行介绍。

1. 起源阶段

19 世纪末，随着移动摄影装置的发明，如 praxinoscope 和 zoetrope，为新媒体艺术开启了新的篇章。

20 世纪 50 年代，艺术家如 Wolf Vostell 在他的作品中引入了电视机，这标志着新技术被纳入既定艺术实践的开始。

20 世纪 60 年代，Fluxus 集体尝试将技术与行为艺术相结合的多媒体作品，白南俊和小野洋子等新媒体艺术家的职业生涯也始于此。

2. 计算机图形和图像处理阶段

20 世纪 80 年代，随着计算机技术的逐渐成熟，新媒体作品开始以计算机图形和图像处理为主要形式，如计算机生成的图形和图像艺术。这些作品在当时的艺术界和科技界引起了轰动。

3. 互联网发展阶段

20 世纪 90 年代，随着互联网的发展，新媒体作品进入了一个全新的阶段。互联网的普及使得人们可以通过网络共享和传播信息，这为新媒体作品的创作、传播和观众的参与提供了更广阔的平台。

4. 移动互联网和社交媒体阶段

21 世纪初至今，随着移动互联网和社交媒体的兴起，新媒体制作技术进一步得到了发展。人们开始利用社交媒体平台发布和分享自己的内容，新媒体内容也变得更加多样化和个性化。

5. 人工智能和虚拟现实阶段

近年来，随着人工智能、大数据和虚拟现实技术的不断发展，新媒体制作技术也开始向这些领域渗透。人工智能可以用于内容推荐、自动化编辑等方面，虚拟现实技术则可以为观众提供更加沉浸式的体验。

6. 技术驱动的创新阶段

当前，新媒体制作技术正处于技术驱动的创新阶段。随着 5G 技术的普及、云计算的发展以及物联网的广泛应用，新媒体制作技术将继续迎来更多的创新和突破。

此外，新媒体制作技术还与国家重大议题、政策、举措等密切相关。多地政府、文旅局、消防局等创建的官方账号也借助新媒体平台进行信息传播和服务提供。同时，数字经济和实体经济的加速融合也为新媒体制作技术的发展提供了更多机遇和挑战。

新媒体制作技术的发展历程是一个不断演进和创新的过程。随着技术的不断进步和应用场景的不断拓展，新媒体制作技术将继续发挥重要作用，为人们提供更加丰富多彩的信息传播和娱乐服务。

子任务 1.2.5　新媒体制作技术的创新趋势

新媒体制作技术的创新趋势正日益显著，其创新趋势主要体现在 7 个方面，如图 1-13 所示。

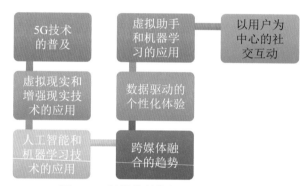

图 1-13　新媒体制作技术的创新趋势

下面将对新媒体制作技术的各个创新趋势进行详细介绍。

1.5G 技术的普及

随着 5G 技术的不断推广和普及，新媒体的内容和形式将更加丰富多样。5G 技术的高速度、低延迟和大容量等特点将极大地促进新媒体制作技术的发展，使得视频、音频等内容的传输和制作更加高效、便捷。

2. 虚拟现实和增强现实技术的应用

虚拟现实和增强现实技术为新媒体制作提供了全新的视角和体验。通过虚拟现实和增强现实技术，新媒体制作者可以创造出更加沉浸式的体验，让用户仿佛置身于一个全新的虚拟世界中。这种技术的应用将极大地丰富新媒体的表现形式和传播渠道。

3. 人工智能和机器学习技术的应用

人工智能和机器学习技术在媒体内容推荐、个性化定制等方面有着广泛的应用。未来，这些技术将进一步渗透到新媒体制作领域，帮助制作者更精准地把握用户需求，提升内容质量和传播效果。例如，人工智能算法可以自动分析用户的喜好和行为数据，为制作者提供有针对性的内容推荐和创作建议。

4. 跨媒体融合的趋势

随着互联网的普及和数字化转型的加速，各种媒体形式之间的界限逐渐模糊，跨媒体融合成为趋势。新媒体制作者需要不断关注各种媒体形式的特点和融合方式，创造出更加丰富多样的内容。例如，将文字、图片、音频、视频等多种元素融合在一起，创造出更具吸引力和传播力的新媒体作品。

5. 数据驱动的个性化体验

新媒体平台将继续依靠数据分析和人工智能，为用户提供高度个性化的内容和广告。这种个性化的体验将提升用户的参与度和满意度，同时也有助于提升广告投放的效果。

6. 虚拟助手和机器学习的应用

越来越多的新媒体平台和企业将采用虚拟助手和机器学习技术，以提供更智能化的服务。这些技术将帮助制作者更高效地处理数据和内容，提升制作效率和质量。

7. 以用户为中心的社交互动

社交媒体将更多地重视用户的意见和反馈，以塑造平台的未来发展。新媒体制作者需要密切关注用户需求和反馈，不断优化内容和服务，提升用户体验和满意度。

随着新媒体制作技术的创新趋势，将不断推动新媒体行业的发展和进步。制作者需要不断学习和掌握新技术和新方法，以适应不断变化的市场需求和用户需求。

任务 1.3　新媒体制作技术的应用领域

新媒体制作技术的应用领域非常广泛，涉及市场营销、广告营销、新闻传播、在线教育和娱乐产业等多个行业和领域，如图 1-14 所示，下面将分别进行介绍。

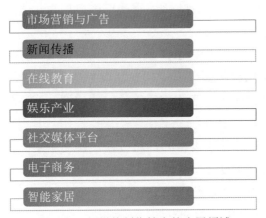

市场营销与广告

新闻传播

在线教育

娱乐产业

社交媒体平台

电子商务

智能家居

图 1-14　新媒体制作技术的应用领域

1. 市场营销与广告领域

新媒体制作技术为市场营销和广告行业带来了巨大的变革。通过利用社交媒体、短视频、直播等新媒体平台，企业可以更有效地进行产品推广和品牌宣传。同时，新媒体广告形式如原生广告、互动广告和虚拟现实广告等也为企业提供了更多创新的广告手段。如图

1-15 所示为通过新媒体技术制作的交互创意动画。

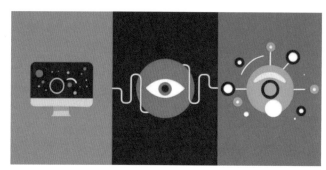

图 1-15　通过新媒体技术制作的交互创意动画

下面将列举一些新媒体制作技术在市场营销和广告领域的相关应用。

- 提高用户体验：通过新媒体制作技术，如 JavaScript，能够帮助用户创建各种交互效果，如交互动画、导航菜单和表单验证等，从而提高网站或应用的用户体验。这种体验的提升可以吸引更多的用户，并增加用户与品牌之间的互动，从而增强品牌认知度和忠诚度。

- 创意广告制作：新媒体制作技术，如音频和视频制作技术，可被用于制作具有创意和吸引力的广告。这些广告可以通过各种新媒体平台传播，如社交媒体、视频网站和移动应用等，从而扩大广告的覆盖范围。同时，创意广告能够吸引用户的注意力，并激发他们的购买欲望。

- 数据分析：通过数据分析技术，企业可以了解用户的行为和需求，从而制定更有效的市场营销策略。例如，通过分析网站流量、用户活动以及用户滞留时间和回头率等指标，企业可以了解哪些内容或广告对用户更具吸引力，从而优化内容制作和广告投放策略。

- 社交媒体营销：社交媒体技术，如广告活动、社交媒体托管和营销自动化技术，可以帮助企业在社交媒体平台上构建品牌形象并推销产品。通过社交媒体平台，企业可以与用户进行实时互动，回答他们的问题，解决他们的疑虑，从而建立更紧密的关系。

- 移动应用开发：随着移动设备的广泛普及，移动应用的开发成为新媒体领域不可或缺的一个方面。通过开发移动应用，企业可以为用户提供更便捷、更个性化的服务，如在线购物、支付、预约等。这不仅可以提高用户的满意度，还可以增加用户的黏性，促进品牌的长期发展。

2. 新闻传播领域

新媒体技术为新闻报道和传播提供了全新的平台。传统的报纸、广播和电视已经不能满足人们对新闻的需求，而网络新闻、移动新闻、社交媒体等新型媒体成为人们获取新闻信息的主要渠道。新媒体技术的即时性、多样性和全球性，使新闻报道能够更快速、更广泛地传播。如图 1-16 所示为腾讯新闻网主页页面，在该页面中可以实时浏览最新的新闻信息。

图 1-16　腾讯新闻网主页页面

下面将列举一些新媒体制作技术在新闻传播领域的相关应用。

● 新闻报道与传播：新媒体技术为新闻报道和传播提供了全新的平台。通过利用互联网、移动应用、社交媒体等新媒体工具，新闻可以实时、迅速地传播到全球各地。这种即时性使得新闻能够更快地触及受众，提高新闻的传播效率。

● 多媒体内容制作：新媒体制作技术使得新闻内容可以呈现为多种形式，如文字、图片、音频、视频等。这种多媒体内容的制作方式可以丰富新闻的表现形式，让新闻更加生动、直观地展示给受众。例如，通过直播技术，受众可以实时观看新闻事件的发展过程；通过虚拟现实技术，受众可以身临其境地感受新闻现场的氛围。

● 个性化新闻推送：新媒体技术使得新闻传播更加个性化。通过分析用户的浏览记录、兴趣偏好等数据，新媒体平台可以为用户推送符合其兴趣的新闻内容。这种个性化的新闻推送方式可以提高用户的满意度和忠诚度，增强用户对新闻品牌的黏性。

● 互动与参与：新媒体技术为新闻受众提供了更多的互动和参与机会。受众可以通过社交媒体、评论区等渠道对新闻进行评论、分享和讨论，表达自己的观点和看法。这种互动和参与方式可以增强受众的参与感和归属感，提高新闻的传播效果。

● 数据分析与舆情监测：新媒体技术为新闻传播提供了强大的数据支持和舆情监测功能。通过对新闻的传播效果、受众反馈等数据进行分析，新闻机构可以更好地了解受众的需求和喜好，制定更加精准的新闻传播策略。同时，通过舆情监测功能，新闻机构可以及时发现和应对突发事件和负面舆情，维护社会稳定和公共利益。

3. 在线教育领域

随着互联网的普及，在线教育平台如雨后春笋般涌现。新媒体制作技术为在线教育提供了丰富的教学资源和学习工具，如视频课程、音频讲座、互动问答等。学生可以根据自己的需求和兴趣选择适合自己的课程，自主学习。同时，新媒体技术还可以推动教育创新，如虚拟现实技术可以为学生提供身临其境的学习体验，人工智能可以根据学生的学习情况进行智能化的辅导。如图 1-17 所示为作业帮软件的主页，在该页面中可以进行各个科目的课程观看与学习。

图 1-17　作业帮软件主页

下面将列举一些新媒体制作技术在在线教育领域的相关应用。

● 丰富多样的教学内容：通过新媒体技术，如视频、音频、动画、虚拟现实和增强现实等，可以将复杂抽象的概念和知识以更直观、生动的方式呈现给学生。例如，医学教学中的解剖、病理等内容，通过三维动画或虚拟现实技术，可以使学生更深入地理解和掌握知识。

● 个性化学习：在线教育平台可以根据学生的学习进度、能力和兴趣，提供个性化的学习资源和路径。通过大数据分析和人工智能技术，平台可以智能推荐适合学生的学习内容，帮助他们更有效地学习。

● 互动性学习：新媒体技术使得在线学习更具互动性。学生可以通过在线讨论、实时答疑、小组协作等方式，与老师和其他学生进行交流和互动，提高学习的参与度和效果。同时，教师也可以通过在线平台实时监控学生的学习情况，及时给予指导和反馈。

● 提高学习效果：在线教育平台可以根据学生的学习情况进行实时监测和评估，及时调整教学内容和方法，以提高学习效果。此外，学生可以在任何时间、任何地点通过网络进行学习，使学习更加灵活和便捷。

● 降低学习成本：在线教育可以通过网络进行学习，不需要学生到学校上课，从而节省了交通费用和时间成本。同时，在线教育的学习资源可以多次重复使用，降低了学习成本。

● 丰富的学习资源：在线教育平台可以提供全球各地的优质教育资源，如名校的课程视频、学术论文等。学生可以根据自己的需求选择适合自己的学习资源，拓宽视野，提升综合素质。

4.娱乐产业领域

新媒体技术为娱乐产业带来了更多的创作和表达方式。通过互联网和社交媒体，人们可以自由地发布和分享自己的创作，不再受限于传统媒体的审查和选择。这使得娱乐内容更加多样化，满足了不同人群的需求。同时，新媒体也为小众娱乐内容的传播提供了机会，使得更多的人可以接触到不同类型的娱乐内容。如图 1-18 所示为游戏直播页面。

图 1-18　游戏直播页面

下面将列举一些新媒体制作技术在娱乐产业领域的相关应用。

● 虚拟现实和增强现实：这些技术为娱乐内容的创作提供了新的可能性，如虚拟现实游戏、虚拟现实电影等，为观众带来沉浸式的娱乐体验。

● 3D 建模和动画：数字媒体艺术家使用 3D 建模软件来创建角色、场景和道具，并使用动画软件制作动画效果，大大提升了娱乐内容的品质。

● 游戏开发：数字媒体艺术可被应用于动漫游戏的开发中，制作游戏角色、道具、场景和动画效果，为玩家提供丰富的游戏体验。

● 传播方式的改变：新媒体的出现打破了传统媒体对娱乐内容的控制，娱乐内容可以通过互联网、社交媒体等平台进行传播，使得娱乐内容更加便捷地传递给用户。这种传播方式的改变也使得更多的人可以参与到娱乐产业中，无论是内容的创作、分享还是消费。

● 用户互动与参与：社交媒体和在线平台为观众提供了与娱乐内容互动的机会，如在线评论、投票、参与创作等，增强了观众的参与感和忠诚度。网络直播技术使得观众可以实时观看和参与娱乐内容，如游戏直播、演唱会直播等，增加了娱乐活动的互动性和实时性。

● 数据分析与个性化推荐：通过新媒体技术对用户行为数据进行分析，娱乐产业可以为用户提供个性化的内容推荐，提高用户体验和满意度。这种数据分析技术还可以帮助娱乐产业更好地了解用户需求和市场趋势，制定更有效的商业策略。

● 娱乐产业的全球化发展：新媒体技术使得娱乐产业的传播范围不再受限于地域和语言，为全球观众提供了更加丰富的娱乐内容。这促进了不同国家和地区之间的文化交流，推动了娱乐产业的全球化发展。

5. 社交媒体平台领域

社交媒体平台如微博、微信、抖音等已经成为人们日常生活中不可或缺的一部分。新媒体制作技术为社交媒体平台提供了丰富的内容创作和传播手段，如短视频、直播、图片分享等。企业可以通过社交媒体平台与潜在受众群体进行互动，提升品牌知名度和美誉度。

如图 1-19 所示为微信公众号页面。

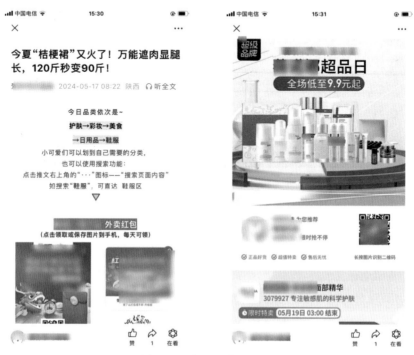

图 1-19　微信公众号页面

下面将列举一些新媒体制作技术在社交媒体平台领域的相关应用。

● 用户体验的增强：通过照片、视频、音频、虚拟现实和增强现实等多媒体技术的应用，用户在社交媒体平台上的体验变得更加生动、丰富和有趣。这种互动体验增强了用户的参与感和社交体验，使用户更加愿意在平台上停留，增加了平台的黏性和用户活跃度。

● 内容创作的多样化：新媒体制作技术使得社交媒体平台上的内容创作变得更加多样化和灵活。用户可以通过各种多媒体工具和功能来制作自己的内容，包括照片、视频、音频、动画等。这些多样化的内容形式不仅为用户提供了更多的创作机会，也丰富了社交媒体平台上的内容生态。

● 社交互动的拓展：新媒体技术的创新为社交媒体平台的社交互动带来了新的可能。例如，用户可以通过虚拟现实技术与虚拟角色进行互动，或者通过虚拟现实技术在虚拟空间中与其他用户进行交流和互动。这种真实、即时的互动方式增强了用户的参与感和社交体验。

- 数据分析与精准投放：社交媒体平台具有强大的数据分析能力，可以通过对用户数据的分析，了解用户的兴趣和需求，从而进行精准广告投放和内容推荐。这种精准投放不仅提高了广告效果，也提升了用户体验。
- 跨平台运营：在新媒体时代，各种社交媒体平台层出不穷。用户可能会同时使用多个社交媒体平台。因此，新媒体制作技术也需要考虑跨平台运营的需求。通过整合多个平台的资源和功能，可以实现更深入的用户互动和体验，扩大影响力。

6.电子商务领域

新媒体技术为电子商务提供了强大的支持，包括在线支付、物流配送、客户服务等方面。通过电商平台和移动应用，用户可以随时随地购买商品和服务，享受便捷的购物体验。同时，电商平台也利用新媒体技术进行商品推广和营销，提高了商品的曝光度和销售量。

7.智能家居领域

智能家居应用也是新媒体技术的一个重要应用领域。通过智能家居应用，用户可以远程控制家庭设备，如灯光、空调、安全系统等，提高了家庭生活的便利性和安全性。同时，智能家居应用还结合了物联网技术、人工智能技术等先进技术，为用户提供了更加智能化和个性化的家居体验。

项目实训　新媒体的制作流程　　　≡

使用新媒体制作技术可以制作出各种图像广告、视频动画等，且在制作过程中，还可能需要使用一些专业的工具和技术来辅助工作。例如，可以使用视频编辑软件来剪辑视频和添加特效，使用音频编辑软件来录制和编辑音频，使用图像设计软件来创建图像和动画等。不同的新媒体制作软件所制作的方法会有所不同，但是其制作流程大致相同。新媒体的制作流程通常包括创意策划、内容创作、技术实现、测试优化和发布推广 5 个主要阶段。策划阶段确定主题和目标受众，创作阶段产出文字、图像和视频等内容，技术实现涉及设计和编码，测试优化确保用户体验，最后通过多渠道发布并进行效果评估和调整。

1.创意策划

创意策划是新媒体项目的起点，涉及确定项目的目标、受众、主题以及期望达到的效果。进行市场调研，了解目标受众的需求、兴趣和偏好，以及竞争对手的情况。策划团队会基于上述信息提出创新的想法和概念，形成初步的项目策划方案，确定项目的整体框架、内容结构、视觉风格等，为后续工作奠定基础。

在创意策划阶段，可以按照以下步骤进行操作。

（1）选题策划：创意策划的第一步是选题策划，它决定了内容是否能够成为爆款的核心因素。选题需要紧跟热点，同时还要考虑到行业需求、产品需求和同行选题。

（2）素材收集：素材的收集是内容创作的基石。只有通过多看、多记、多整理，才能在需要时快速找到合适的素材。

（3）逻辑组织：在收集了足够的素材后，需要对这些素材进行逻辑上的组织，确保内容条理清晰，易于受众理解。

（4）内容评审：创意策划的最后阶段是对内容进行评审，确保内容的质量并做出必要的调整。

2. 内容创作

内容创作是指根据创意策划方案，开始具体的内容创作工作，包括文案撰写、图片设计、视频拍摄与剪辑、动画制作等多种形式的内容制作。内容创作需紧密围绕项目主题和目标受众，确保信息的准确性和吸引力。同时，要注重内容的创新性和独特性，以区别于其他类似的新媒体作品。

在内容创作阶段，可以按照以下步骤进行操作。

（1）文章撰写：内容创作的首要任务是撰写文章，需要具备良好的写作能力和对目标受众的深入了解。

（2）视频制作：在新媒体时代，视频已成为重要的传播形式。视频的制作则需要明确主题和目的，制定拍摄计划和脚本，注重画面质量、音效和后期制作。

（3）图文设计：除文章和视频外，图文设计也是不可或缺的一部分。这需要设计人员具备优秀的视觉表达能力，并能迅速捕捉受众的注意力。

3. 技术实现

技术实现阶段是将创意和内容转换为实际可发布的新媒体产品的过程，涉及网页开发、移动应用开发、视频编码、音频处理等多种技术手段。技术人员会根据项目需求选择合适的技术平台和工具，进行开发和集成工作，确保新媒体产品具有良好的用户体验和兼容性，能够在不同的设备和浏览器上正常显示和运行。

在技术实现阶段，可以按照以下步骤进行操作。

（1）平台选择：根据内容的特点和目标受众选择合适的发布平台，如微博、微信、抖音等。

（2）SEO 优化：为了提高内容的曝光率，需要对内容进行搜索引擎优化（Search Engine Optimization，SEO），确保内容能够在搜索引擎中取得较好的排名。

（3）数据分析：运用各种数据分析工具监控内容的表现，如阅读量、点赞量、分享量等，为后续的优化提供依据。

4. 测试优化

在正式发布前，需要对新媒体产品进行全面的测试和优化工作，包括功能测试、性能测试、兼容性测试等，以确保产品无重大缺陷和问题。根据测试结果对产品进行必要的优化和调整，提升用户体验和产品质量。同时，收集用户反馈和意见，为后续的迭代升级提供参考。

在测试优化阶段，可以按照以下步骤进行操作。

（1）功能测试：在正式发布前，需要进行功能测试，确保所有的技术实现都按预期工作。

（2）用户体验测试：通过用户体验测试，了解目标受众对内容的接受程度，并根据反馈进行优化。

（3）效果评估：通过对比测试结果与预期目标，评估内容的效果，为下一步的发布推广提供决策依据。

5.发布推广

当新媒体产品经过测试并确认无误后，即可进行正式发布。发布前须制订详细的推广计划，包括推广渠道的选择、推广内容的制作、推广时间的安排等。利用社交媒体、搜索引擎优化、广告投放等多种方式，提高新媒体产品的曝光度和影响力。监测推广效果，根据数据反馈调整推广策略，实现最佳的推广效果。

在发布推广阶段，可以按照以下步骤进行操作。

（1）内容发布：在完成所有测试和优化后，正式在不同平台发布内容。

（2）推广活动：通过举办线上线下的推广活动，增加用户参与度，提高内容的曝光率和影响力。

（3）持续更新：根据数据分析结果和用户反馈，不断更新和优化已发布的内容，以维持其生命力。

项目总结

本项目介绍了新媒体的基础知识、新媒体制作技术的基础知识、新媒体制作技术的应用领域以及新媒体制作技术的前景。通过本项目的学习，读者可以了解新媒体的基本概念、发展历程、特点及其与传统媒体的区别；同时，读者还可以深入了解新媒体制作技术的基础理论，包括新媒体制作技术的特点、分类以及新媒体技术在不同领域（如新闻传播、广告营销、娱乐产业等）的广泛应用，并展望了新媒体制作技术的未来发展趋势与前景；最后，还详细介绍了新媒体的制作流程，为后面的学习打下坚实的基础。

项目 2 　 新媒体内容创作基础

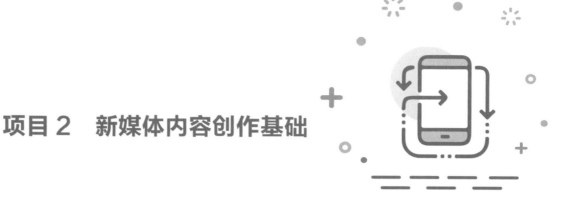

内容创作作为新媒体制作技术的基石与核心，不仅关乎产品内容的精彩呈现，还涉及品牌的有效曝光及与用户的深度互动。高质量的内容是吸引并维持用户关注、提升用户参与度与忠诚度的关键，进而为商家引流并创造更多收益。因此，深入理解内容创作的内涵、目的、基本形式及核心要素至关重要。本项目专注于新媒体内容创作的必备基础，涵盖新媒体内容创作的特点、原则、实用技巧及完整流程，旨在帮助读者迅速掌握内容创作的基础知识，为后续新媒体内容案例的分析与实战操作奠定坚实的基础。

本项目学习要点

- ● 掌握新媒体内容的特点与表现形式
- ● 掌握新媒体内容创作的原则与要点
- ● 掌握新媒体内容创作的流程与方法

任务 2.1　新媒体内容概述

在当今信息爆炸的时代，新媒体内容已经成为人们获取信息、娱乐和社交的重要渠道。无论是短视频、图文推送还是直播互动，内容的多样性和即时性都在不断刷新人们的认知。接下来，将深入探讨新媒体内容的分类、特点以及表现形式，从而帮助读者更好地理解并掌握新媒体内容的相关基础知识。

子任务 2.1.1　新媒体内容的分类

新媒体内容是指在互联网和数字化环境下，以多种形式和技术呈现的信息、资讯、娱乐或观点。这种内容涵盖文字、图片、音频、视频等多种媒体形式，以满足现代社会群体多样化、个性化的信息需求。

新媒体内容可以根据其形式、传播渠道和功能特点进行分类。下面将对新媒体内容的不同分类进行介绍。

1. 按形式分类

新媒体内容按照形式可以分为文字、图片、音频和视频等内容，下面将分别进行介绍。

- 文字内容：包括博客文章、新闻报道、评论、小说、散文等，主要通过文字表达思想和情感，如图 2-1 所示为某博客的文字页面内容。
- 图片内容：包括摄影作品、插画、表情包、GIF 动图等，通过视觉元素传达信息或情感，如图 2-2 所示为某博客的图片页面内容。
- 音频内容：如播客（Podcast）、有声书、音乐、电台节目等，通过声音传递信息或娱乐内容，如图 2-3 所示为喜马拉雅页面中的音频内容。
- 视频内容：涵盖短视频、长视频、电影、电视剧、纪录片、游戏直播等，通过影像和声音综合表达，如图 2-4 所示为优酷视频页面中的视频内容。

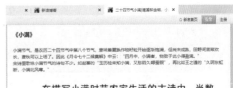

图 2-1　新媒体文字内容

图 2-2　新媒体图片内容

图 2-3 新媒体音频内容　　　　　图 2-4 新媒体视频内容

2. 按传播渠道分类

新媒体内容按照传播渠道可以分为社交媒体、移动媒体、网络视频和网络直播等内容，下面将分别进行介绍。

● 社交媒体内容：如微博、微信、抖音、快手等平台上的用户生成内容（User Generated Content，UGC），包括图文、视频、直播等，如图 2-5 所示为抖音中的商品直播页面内容。

● 移动媒体内容：主要针对移动设备（如手机和平板）的 App 和网站内容，如手机新闻 App、在线音乐 App 等，如图 2-6 所示为浏览器中的新闻页面内容。

图 2-5 抖音中的商品直播页面内容　　图 2-6 浏览器中的新闻页面内容

- 网络视频内容：主要在视频分享平台（如 B 站、YouTube）上发布，包括用户自制视频和专业制作的视频节目，如图 2-7 所示为小红书视频页面。
- 网络直播内容：包括游戏直播、教育直播、电商直播等，通过实时互动吸引观众，如图 2-8 所示为抖音教育直播页面。

图 2-7　小红书视频页面　　　　　图 2-8　抖音教育直播页面

3. 按功能特点分类

新媒体内容按照功能特点可以分为新闻资讯、娱乐、教育和营销等内容，下面将分别进行介绍。

- 新闻资讯类：包括各类新闻网站、App 和社交媒体上的新闻报道，为用户提供最新的时事信息。
- 娱乐类：如音乐、电影、电视剧、综艺节目等，满足用户的休闲娱乐需求。
- 教育类：包括在线教育课程、知识分享平台上的学习内容等，帮助用户提升知识和技能。
- 营销类：如广告、品牌宣传、产品推广等，可以通过新媒体渠道进行商业推广和品牌建设。

4. 其他特殊类型

新媒体内容还可以分为虚拟现实（VR）和增强现实（AR）、互动式和跨平台等内容，下面将分别进行介绍。

- VR 和 AR 内容：利用 VR 和 AR 技术创建的沉浸式体验内容，如虚拟旅游、游戏、教育应用等。
- 互动式内容：如互动游戏、在线问答、投票调查等，鼓励用户参与和互动。

- 跨平台内容：在多个新媒体平台上发布的内容，如一部电影同时在电影院、流媒体平台和电视台播出。

这些分类并不是绝对的，因为新媒体内容的形式和边界在不断演变和拓展。随着技术的进步和用户需求的变化，新媒体内容的种类和形式也会不断增加和更新。

子任务 2.1.2　新媒体内容的特点

新媒体内容的特点是多样性、互动性和即时性等，它可以随时随地通过互联网传播，触达广大的受众群体。如图 2-9 所示是新媒体内容的常见特点。

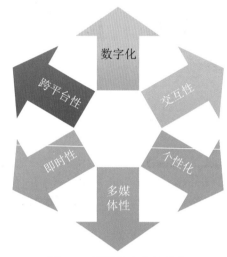

图 2-9　新媒体内容的特点

下面将对新媒体内容的各个特点进行详细介绍。

- 数字化：新媒体最显著的特点是其全方位的数字化过程，它将所有的文本缩减成二进制元编码，并采用同样的生产、分配与存储过程。这使得信息的存储、传播和处理都更加便捷和高效。
- 交互性：新媒体具有超强的交互性，用户可以通过新媒体平台主动参与内容的创作、评论和分享，形成一个互动的社交环境。这种互动性使得信息传播更加迅速和广泛，同时也增加了用户参与度和黏性。
- 个性化：新媒体可以实现信息传播与接收的个性化。基于信息用户的信息使用习惯、偏好和特点，新媒体可以向用户提供满足其各种个性化需求的服务。这种个性化信息服务使得信息的传播者能够针对不同的受众提供个性化服务。
- 多媒体性：新媒体融合了文字、图片、音频、视频等多种媒体形式，使得信息更加丰富多样。用户可以通过观看视频、听音频、浏览图片等方式获取信息，这种多媒体性提升了用户体验，使得信息更加生动有趣。
- 即时性：新媒体的传播速度非常快，信息可以在瞬间传播到全球各地。用户可以通过新媒体平台实时获取最新的新闻、资讯和事件，与时俱进。这种即时性使得新媒体成为人们获取信息的首选渠道。

- 跨平台性：新媒体可以在多个平台上进行传播和使用，如计算机、手机、平板电脑等。这使得用户可以在不同的设备上访问和分享新媒体内容，提高了信息的可获取性和传播效率。

综上所述，新媒体内容的特点主要体现在数字化、交互性、个性化、多媒体性、即时性和跨平台性等方面。这些特点使得新媒体在信息传播和用户体验方面具有显著的优势。

子任务 2.1.3　新媒体内容的表现形式

随着互联网技术的不断发展，新媒体已经成为人们获取信息、交流互动的重要渠道。新媒体内容的表现形式多种多样，涵盖文字、图像、视频、音频、H5、VR/AR 等多种形式。下面将对新媒体内容的表现形式分别进行介绍。

1. 文字

文字是新媒体内容最基本的表现形式，主要用于传递简短、精练的信息。新媒体中的文字可以是文字描述、标题、段落等，文字的形式也可以有很多变化，比如 H5 文案、插画文案等，如图 2-10 所示，都可以在吸引用户的同时，让信息更易传播和理解。文字可以适配移动设备，满足人们在各种场合下的阅读需求。

图 2-10　H5 营销文案

下面将介绍文字内容的常见表现形式。

- 博客文章：个人或组织撰写的长篇文字内容，用于表达观点、分享经验或提供信息。
- 社交媒体帖子：在社交媒体平台上发布的简短文字，可以包含话题标签、表情符号等，用于快速分享想法和状态。
- 新闻快讯：以简洁的文字形式迅速报道新闻事件，常见于新闻网站或社交媒体平台。

2.图像

图像也是新媒体内容的一种直观的表现形式,用于传递大量的信息,而且比文字更容易吸引人们的注意力。新媒体内容中的图片主要包括静态图片和动态的 GIF 图,广泛用于社交媒体和移动应用中,以直观的方式吸引用户注意。

下面将介绍图像内容的常见表现形式。

- 静态图片:包括摄影作品、插画、设计图等,用于直观展示信息或表达情感。
- GIF 动图:是一种循环播放的简短动画图像,常用于社交媒体平台,用于表达情感或增加内容的趣味性,如图 2-11 所示。
- 表情包:由一系列图像组成的集合,用于在聊天或社交媒体中快速表达情感或态度,如图 2-12 所示。

图 2-11　GIF 动图

图 2-12　表情包

3.音频

音频是一种适合在移动设备上使用的新媒体内容的表现形式,可以用来提供更加沉浸式的体验,让用户在收听内容的同时,无须操作其他设备或分心。音频可以是音乐、播客、语音新闻等,它们通过声音来传递信息,可以在各种场合下使用,比如上下班途中、健身锻炼时等。同时,音频也适合作为辅助传播形式,与文字、图片、视频等其他形式结合使用,以增强内容的丰富性和吸引力。

下面将介绍音频内容的常见表现形式。

- 播客:是一系列的音频节目,可以是访谈、讲座、音乐等,用户可以在任何时间、任何地点收听。
- 有声书:可以将书籍内容转换为音频格式,方便用户在听书过程中享受阅读乐趣。
- 音乐和声音艺术:包括原创音乐、声音设计、音效等,为用户带来丰富的听觉体验。

4.视频

视频是最为丰富、最具感染力的新媒体表现形式之一,主要用于呈现声音、图像、动画等多种媒体元素,具有较强的表现力和视觉吸引力。在视频中,不仅可以观看到各种图像画面，还可以听到各种真实的声音，甚至可以观察到时间的推移和空间的变换。新媒体中的视频包含短片、广告、短视频等多种形式，可以提供更生动、更真实的信息，并帮助用户更好地理解和接受。

下面将介绍视频内容的常见表现形式。

- 短视频：时长较短的视频内容，如抖音、快手等平台上的短视频，通常以快节奏、高密度的内容吸引用户。
- 长视频：如电影、电视剧、纪录片等，具有较长的叙事结构和丰富的视觉表现，如图2-13所示。
- 直播：通过直播平台实时传输的视频内容，用户可以在线观看并参与互动。

图2-13 电影视频画面

5. 互动内容

新媒体的互动内容表现形式多种多样，下面将介绍互动内容的常见表现形式。

- 社交媒体互动：用户可以在社交媒体平台上对内容进行点赞、评论、分享等操作，与其他用户进行互动，如图2-14所示。
- 问答平台：如知乎、豆瓣等，用户可以在平台上提问或回答问题，进行知识分享和交流，如图2-15所示。
- 虚拟现实和增强现实内容：利用虚拟现实和增强现实技术创建的沉浸式内容，用户可以与之进行互动，获得全新的体验。

图2-14 社交媒体互动

图2-15 问答平台

6. 多媒体内容

下面将介绍多媒体内容的常见表现形式。

- 图文结合：如微信公众号文章，通常包含文字、图片、视频等多种元素，以丰富的形式展示内容。
- 音视频结合：如音乐视频（MV）、有声读物等，将音频和视频元素结合在一起，为用户提供更加丰富的感官体验。

7. 用户生成内容

用户生成内容（User Generated Content，UGC）指的是用户创作的视频、图片、文字等，如社交媒体上的用户帖子、短视频平台的用户创作等，这些内容具有多样性、实时性和互动性等特点。

任务 2.2　新媒体内容创作的原则与要点

在新媒体时代，内容创作已成为信息传播和品牌建设的重要一环。因此，如何创作出优质的新媒体内容，吸引并留住受众的眼球，是每一位内容创作者都需要深入思考的问题。本节将详细介绍创作优质新媒体内容的原则和技巧，帮助创作者在内容创作的道路上走得更远。

子任务 2.2.1　内容创作原则

在进行新媒体的内容创作时，需要遵循七大原则，才能让新创作的新媒体内容能够吸引、留住并与目标受众建立联系。内容创作原则如图 2-16 所示。

图 2-16　内容创作原则

下面将对内容创作的原则分别进行介绍。

1. 新颖性

新媒体内容的首要原则是保持其新颖性。在信息爆炸的时代，读者对于重复、陈旧的内容往往缺乏兴趣。保持内容的新颖性，不仅关乎内容能否吸引观众的眼球，更是衡量一个新媒体内容是否具有竞争力的核心标准。因此，创作者需要时刻关注时事热点、行业动态，以及读者的兴趣变化，确保所制作的内容具有时效性和新鲜感。

在进行新媒体内容创作时，创作者应勇于尝试新的创作手法、技术手段和表现形式，打破传统的内容制作框架，创造出令人耳目一新的视听体验。例如，可以利用短视频、直播、虚拟现实等新技术手段，将内容以更加生动、直观的方式呈现给观众。

创作者需要深入挖掘话题的内涵和外延，从多个维度和层面展开论述，使内容具有更加丰富的层次和内涵。同时，也要关注不同领域之间的交叉融合，创造出跨界合作的新颖内容。为了实现新媒体内容的新颖性，创作者还需要具备开放的心态和合作的精神。他们应该积极与其他创作者、机构或品牌进行合作，共享资源、交流经验，共同创造出更加优质、新颖的新媒体内容。

2. 创新性

创新性是新媒体内容制作的核心竞争力。创作者应敢于突破传统思维框架，尝试新的内容形式、表达方式和传播渠道。通过创新，不仅可以吸引更多读者的关注，还能提升内容的传播效果和影响力，从而让内容在信息的海洋中脱颖而出。

在制作具有创新性的新媒体内容时，需要遵循以下几点。

- 发掘新颖视角：创作者不应局限于传统的思维框架，而是要敢于挑战常规，从不同的角度来审视和解读问题。例如，对于一个热门的社会事件，可以从文化、心理、经济等多个层面进行深入剖析，以提供多元化的视角和见解。
- 融合多种内容形式：除传统的文字、图片外，还可以尝试将视频、音频、动画等多种内容形式进行有机融合。这种跨媒体的内容呈现方式可以使信息更加丰富和生动，提升读者的阅读体验。
- 运用创新技术：新媒体技术的不断更新为内容创新提供了无限可能。例如，利用AR、VR技术可以打造沉浸式的阅读体验，使读者仿佛置身于内容之中；利用人工智能技术可以对大量数据进行深度分析和挖掘，为内容创作提供灵感和依据。
- 关注社会热点与趋势：新媒体内容应紧跟时代步伐，及时反映社会热点和趋势。创作者需要保持敏锐的洞察力，善于捕捉和解读社会现象，将其与内容创作相结合，使内容更加贴近实际、贴近生活。
- 与读者互动，收集反馈：读者的反馈是内容创新的重要参考。创作者应积极与读者互动，了解他们的需求和喜好，收集他们对内容的意见和建议。这不仅有助于提升内容的质量和传播效果，还能增强读者对创作者的认同感和忠诚度。

综上所述，新媒体内容的创新性需要创作者在多个方面进行探索和尝试。通过不断挖掘新的视角、融合多种内容形式、运用创新技术、关注社会热点以及与读者互动等方式，创作者可以创作出更加新颖、有趣、有吸引力的内容，吸引更多的读者并提升内容的传播效果。

3. 有趣性

有趣性是吸引读者的重要因素。因此，创作者在制作新媒体内容时，应注重内容的趣味性和可读性，通过生动的故事、幽默的语言、精美的图片等方式，将信息以更有趣、有吸引力的方式呈现给读者。例如，在抖音平台上的某视频账号上传的"呆话西游"搞笑动画系列的短视频内容就是以幽默、轻松的方式诠释了"西游记"中的故事和人物，并用现代的语言和幽默的元素重新讲述"西游记"中的经典故事，让传统故事更加贴近现代观众的审美和笑点，突出了他们的"呆"或"傻"的一面，从而让角色形象更加生动有趣。创作者也通过制作这些有趣味的视频，让自己的抖音号涨了 200 多万粉丝，从而实现了抖音运营目的，如图 2-17 所示。

图 2-17　带有趣味性的视频内容

4. 独特性

独特性是新媒体内容制作的关键。创作者应具备独立思考和深度洞察的能力，寻找独特的视角和创意，打造具有个人特色或品牌特色的内容。这样不仅能提升内容的辨识度，还能增强读者对创作者的信任和忠诚度。因此，创作者在新媒体内容创作中，应当致力于塑造内容的独特性，以吸引并深度打动读者。

在制作具有独特性的新媒体内容时，需要遵循以下几点。

● 创作者需要挖掘独特的主题和观点。在众多相似的内容中，找到与众不同的切入点，以独特的视角解读社会问题、历史事件或文化现象。这要求创作者具备敏锐的观察力和深入的思考能力，能够发现那些被忽视或未被充分探讨的领域，并赋予其新的意义和价值。

● 创作者应运用独特的表达方式和风格。内容的形式与风格是展现其独特性的重要手段。创作者可以尝试不同的叙述方式、语言风格或艺术手法，使内容呈现出别具一格的魅力。例如，可以采用非线性叙事、跨媒体创作或实验性的表达形式，打破传统的内容呈现方式，给读者带来全新的审美体验。

● 结合个性化和原创性是提升新媒体内容独特性的关键。创作者应当充分发挥自己的个性和特长，将个人的情感和观点融入内容之中，使内容更具人情味和感染力。同时，注重原创性，避免盲目模仿和抄袭他人的作品，而是要根据自己的理解和思考进行创作，形成自己独特的风格和特色。

● 创作者应善于运用新媒体技术来增强内容的独特性。新媒体技术的发展为内容创作提供了更多的可能性。创作者可以利用虚拟现实、增强现实、人工智能等先进技术，为内容带来全新的视听效果和交互体验。这些技术的应用不仅能够提升内容的独特性，还能够吸引更多年轻读者的关注。

总之，提升新媒体内容创作的独特性需要创作者具备敏锐的观察力、深入的思考能力和创新的表达能力。通过挖掘独特的主题和观点、运用独特的表达方式和风格、结合个性化和原创性，以及善于运用新媒体技术，创作者可以塑造出别具一格的新媒体内容，从而在自媒体市场中脱颖而出，吸引更多读者的关注和喜爱。

5. 互动性

遵循新媒体内容创作的互动性原则，也是创作者在自媒体时代吸引并留住读者的重要手段。随着网络技术的不断发展，读者对于内容的参与度和体验感需求日益增强，因此，创作者在内容创作过程中应充分考虑如何提升互动性，使读者能够更深入地参与到内容中，形成有效的双向交流。

在制作具有互动性的新媒体内容时，需要遵循以下几点。

● 创作者可以通过设置话题讨论、调查问卷、在线投票等方式，引导读者对内容进行思考和反馈。这些互动形式能够激发读者的参与热情，同时也能让创作者更直接地了解读者的需求和想法，为后续的创作提供有价值的参考。

● 利用社交媒体平台的互动功能也是提升新媒体内容互动性的有效途径。例如，可以在微博、微信公众号等平台上设置话题标签、开展互动活动，鼓励读者留言、分享和转发。通过与读者的实时互动，创作者不仅能够扩大内容的传播范围，还能增强与读者之间的情感连接。

● 创作者还可以通过创作互动性的内容形式来提升互动性。例如，可以创作一些需要读者参与才能完成的故事、游戏或挑战，让读者在参与过程中体验到更多的乐趣和成就感。这种互动性强的内容形式能够吸引更多读者的关注和参与，同时也能让内容更加生动有趣。例如，某个创作者就特地拍摄了游戏挑战的视频，先用视频吸引读者的注意，然后在视频的左下角放上游戏链接，让读者点击游戏链接进行试玩，如图 2-18 所示。

 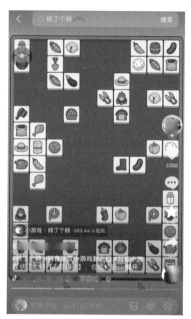

图 2-18　可以游戏互动的视频内容

● 创作者还应注重在互动中收集读者的反馈和建议，不断完善和优化内容。读者的
反馈是创作者改进和创新的重要依据，只有不断倾听读者的声音，才能更好地满
足他们的需求，提升内容的互动性和吸引力。

提升新媒体内容创作的互动性需要创作者在内容创作过程中充分考虑读者的参与度
和体验感，通过设置话题讨论、利用社交媒体平台的互动功能、创作互动性的内容形式以
及收集读者反馈等方式，形成与读者之间的有效双向交流，从而增强内容的吸引力和传播
效果。

6. 价值性

无论形式如何新颖独特，新媒体内容都需要具有实质价值。内容制作者需要深入挖掘
信息背后的价值，为读者提供有深度、有启发性的内容。这样不仅能满足读者的需求，还
能提升创作者和新媒体平台的权威性和信誉度。

在制作具有价值性的新媒体内容时，需要遵循以下几点。

● 新媒体内容创作的价值性体现在其信息传递的高效性和广泛性上。通过新媒体平
台，创作者可以迅速将内容传播给大量读者，实现信息的快速流通和共享。这种
高效的信息传递方式有助于打破时空限制，让更多人了解和接触到有价值的信息。

● 新媒体内容创作的价值性体现在其对于文化传承和推广的贡献。通过创作反映历
史文化、民族风情等题材的内容，新媒体不仅能够传递文化知识，还能够促进文
化间的交流和理解。同时，新媒体平台也为创作者提供了展示个性和创意的空间，
使得他们能够通过独特的内容创作展现个人魅力和文化内涵。

● 新媒体内容创作的价值性还体现在其对于社会问题的关注和引导上。创作者可以通过内容创作揭示社会现象、探讨社会问题，引导读者思考和关注社会热点。这种价值导向的内容能够激发读者的思考能力和社会责任感，推动社会的进步和发展。
● 新媒体内容创作的价值性还体现在其对于商业价值的挖掘和实现上。通过创作优质、有趣的内容，新媒体能够吸引大量读者，进而为创作者带来流量、粉丝和商业合作机会。这种商业价值的实现不仅能够激励创作者继续创作更多优质内容，还能够推动新媒体产业的繁荣和发展。

新媒体内容创作的价值性不仅体现在其高效传递信息和促进文化传承等方面，更体现在其对社会问题的关注和商业价值的实现等方面。创作者应该充分认识到新媒体内容创作的价值性，努力创作出更多优质、有价值的内容，为读者提供更多有益的信息和体验。

7. 原创性

新媒体内容制作的原创性原则在当前信息爆炸、内容竞争激烈的时代显得尤为重要。原创性不仅关乎内容的独特性和辨识度，更是提升内容价值和品牌影响力的关键因素。

在制作具有原创性的新媒体内容时，需要遵循以下几点。

● 原创性原则强调内容创作者应具备独立思考和原创精神。这意味着创作者不能简单地复制和粘贴他人的内容，而是要结合自身专业知识、独特视角和生活体验，创作出真正属于自己的内容。只有这样，才能在众多的新媒体内容中脱颖而出，吸引读者的关注和喜爱。
● 原创性原则要求内容创作者注重内容的原创性和创新性。在内容创作过程中，创作者应深入挖掘话题、寻找新颖的角度和观点，以独特的方式呈现给读者。同时，创作者还可以尝试采用新的创作手法、技术手段和表现形式，使内容更加生动有趣、引人入胜。
● 原创性原则还强调内容创作者应尊重他人的知识产权和版权。在创作过程中，如需引用他人的观点或数据，应注明出处并遵循相关法律法规。这样不仅能保护自己的权益，也能树立起良好的创作形象和口碑。
● 原创性原则的实施需要内容创作者具备扎实的专业素养和持续学习的能力。只有不断提升自己的专业水平和创作能力，才能创作出更加优质、独特的新媒体内容。

新媒体内容制作的原创性原则是创作者必须遵循的重要原则之一。通过强调原创性、创新性、尊重知识产权和不断提升专业素养，创作者可以创作出更加优质、独特的新媒体内容，提升内容价值和品牌影响力。

子任务 2.2.2　内容创作要点

在进行新媒体内容创作时，还需要掌握内容创作的要点，才能创作出优质的新媒体内容。新媒体内容的创作要点如图 2-19 所示。

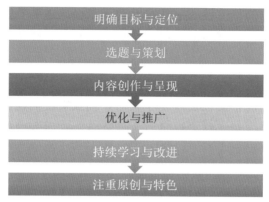

图 2-19　新媒体内容的创作要点

下面将对新媒体内容创作的各个要点进行介绍。

1. 明确目标与定位

新媒体内容创作的首要要点在于"定位与目标明确"。唯有让受众明确，我们的内容是为了传授知识、推广品牌、娱乐大众还是其他目的，才能更好地满足他们的需求。同时，也要精准锁定受众群体，了解他们的兴趣、习惯和需求，以实现更有效的传播。例如，如果新媒体内容的目的是宣传美食文化，且受众群体是一些美食爱好者，则可以制作美食类的视频，如图 2-20 所示；如果目的是娱乐，且受众群体是一些影视爱好者，则可以制作影视类的视频，如图 2-21 所示。

图 2-20　美食类视频

图 2-21　影视类视频

2. 选题与策划

选题在内容创作过程中占据着核心地位，它不仅能够激发观众的关注度，还能触动他们的情感共鸣。在进行选题时，我们应当以热点话题、行业动态、用户需求等为切入点，深入挖掘具有价值的信息。策划则是对选题进行具体化的过程，包括内容的架构、展现方式、传播途径等方面。通过细致入微的策划，我们能将选题转换为充满吸引力的内容。例如，在制作新媒体短视频时，我们可以制定选题为"幽默搞笑"，接着就可以通过围绕这个选题内容来策划短视频内容，如图 2-22 所示为搞笑类视频。

图 2-22　搞笑类视频

3. 内容创作与呈现

在新媒体内容创作领域，内容的质量是至关重要的。创作者需遵循以下准则：首先，确保内容的真实性、客观性和准确性，坚决杜绝虚假信息和误导性内容的存在；其次，内容应具有深度和独到见解，以激发受众的思考和讨论；最后，内容需要具备趣味性和可读性，以吸引受众的关注。

在内容呈现形式上，创作者应根据选题的特性和目标受众的偏好，灵活运用文字、图片、视频、音频等多样化的形式，以增强内容的生动性和形象性，进一步提升其吸引力。通过这样的综合考量和精心制作，内容创作将更具影响力和传播力。

4. 优化与推广

即便制作的新媒体内容质量上乘，但未经有效推广也难以触及广泛受众。因此，应采取多渠道的推广策略，如运用社交媒体平台、实施搜索引擎优化，以及寻求合作伙伴进行联合推广等手段，以增加内容的可见度和扩散效力。

此外，基于数据分析的洞察，能够对内容进行持续的优化与调整，确保其更加契合目标受众的兴趣偏好与实际需求。通过这样精准且动态的内容推广与调整，可以显著提升内容的吸引力和用户参与度，进而达到更为有效的传播效果。

5. 持续学习与改进

新媒体内容创作是一场持续进化之旅，涉及不断学习与精进。创作者应密切关注行业趋势和新兴技术的进展，以掌握前沿的创作方法与传播策略。进一步而言，积极搜集并倾听受众的反馈和建议，对理解他们对内容的态度和需求至关重要，这有助于不断优化内容，提升其整体品质。

通过动态监测行业动向，吸收新技术，以及主动吸纳用户反馈，新媒体内容创作者能够不断提升自身的创作水准，确保所产出的内容与时俱进，满足受众期待，进而在激烈的市场竞争中保持领先地位。

6. 注重原创与特色

在当今这个内容泛滥的新媒体时代，原创性和内容特色显得尤为关键。原创内容不仅能够凸显创作者的独特视角和深度见解，还能增强内容的独有魅力和识别度。此外，具有鲜明特色的内容更易吸引特定受众群体的注目，助力构建与众不同的品牌影响力。

因此，创作者应致力于打造富有原创精神和风格鲜明的内容，以区别于海量的同质化信息，吸引并维系一群忠实且特定的受众，从而在激烈的市场竞争中塑造独特的品牌形象，实现持久的影响力。

任务 2.3　新媒体内容创作的流程与方法

新媒体内容不论是图文内容还是视频内容，或者是直播内容，都有其制作的流程与方法技巧。要想创作出精彩的新媒体内容，需要掌握新媒体内容创作的流程和方法，本节主要从需求分析阶段、确定目标用户阶段、策划选题阶段、内容设计阶段、制作编辑阶段和内容产品发布阶段入手，对新媒体内容创作的流程和方法进行详细讲解。

子任务 2.3.1　需求分析阶段

需求分析阶段是新媒体内容创作的第一步，通过需求分析，我们需要了解和分析目标用户是谁，他们的需求是什么，以及我们如何通过内容来满足他们的需求。这个阶段的目标是确定我们的内容应该是什么，以及我们希望通过内容达到什么目标。

在新媒体内容创作的需求分析阶段，我们通常会进行市场需求调查、用户需求研究和需求分析整理三个部分的工作，下面将分别进行介绍。

1. 市场需求调查

市场需求调查是了解目标市场和消费者行为的关键步骤，可以帮助制定战略决策并指导产品或服务的开发。在进行市场需求调查时，经常会用到以下几种调查方法。

- 问卷调查：问卷调查包含在线问卷和纸质问卷两种方式。其中，在线问卷可以通过电子邮件、社交媒体或者在线调查平台（如 SurveyMonkey, Google Forms）进行；而纸质问卷则可以在公共场所或通过邮寄方式进行面对面调查。例如，某问卷调查平台发布的调查问卷，旨在调研用户对该平台的应用产品与服务的熟悉与了解，如图 2-23 所示。

图 2-23　问卷调查表

- 深度访谈：该调查方法是指个别面对面的交谈，通常由训练有素的调查员进行，以深入了解受访者的想法和感受。
- 焦点小组：该调查方法是由一位主持人带领一组选定的参与者进行讨论，旨在获取对某一主题或概念的反馈。
- 观察法：该调查方法是直接观察消费者的购买行为，例如在商店中如何选购商品，或者在网上如何浏览和购买产品。
- 行为数据分析：该调查方法是利用现有的数据资源，比如网站访问统计、销售记录和顾客数据库来分析消费者行为。
- 市场细分：该调查方法是将市场分为不同的细分市场，依据消费者的地理位置、人口统计信息、生活方式、购买行为等特征进行分析。
- 竞品分析：该调查方法是研究竞争对手的产品或服务，了解它们的优势和不足，以及它们是如何满足市场需求的。
- 趋势分析：该调查方法是通过行业报告、新闻资讯、专家意见等来识别市场的新趋势和变化。

这些方法可以单独使用，也可以组合使用以获得更全面的视角。在进行市场需求调查时，重要的是确保收集的数据是可靠和有效的，并且能够代表目标市场的整体情况。此外，对于收集到的数据需要进行分析，从而得出有用的洞察和行动指南。

2. 用户需求研究

用户需求研究是新媒体内容制作和产品开发中不可或缺的环节，可以帮助我们深入理解用户的内在需求和外在行为，从而指导产品设计和内容创作。以下是进行用户需求研究时可以使用的几种方法。

- 用户访谈：一对一的深度对话，可以是非结构化的开放式对话，也可以是半结构化的，根据提前准备的问题列表进行。
- 用户日志研究：分析用户的使用日志，了解他们与产品的互动方式，识别使用过程中的问题和需求。
- 用户测试/可用性测试：让用户在受控环境中执行特定任务，观察他们的操作过程，收集关于产品易用性和体验的信息。
- 情境分析：将用户置于特定的情境中，并分析在该情境下用户如何与产品或内容互动，以及他们期望得到的结果。
- 用户旅程图：描绘用户从认识产品到完成目标的全过程，帮助识别用户体验的各个触点及可能的需求。
- 人口统计和心理图像分析：利用用户的人口统计数据（如年龄、性别、教育背景）和心理特征（如个性、价值观、生活方式）来构建用户画像。
- 社会网络分析：通过分析用户在社交网络上的行为和关系网，了解用户的兴趣、影响力和社交习惯。
- 卡片排序和树形测试：用于理解用户如何组织信息和预期的内容结构，常用于网站和应用程序的信息架构设计。
- A/B测试：对比两个或多个版本的产品或功能，看哪个版本更能满足用户需求，通常用于界面设计和功能优化。

这些方法可以独立使用，也可以结合使用以获得更全面的用户洞察。关键是要确保研究方法的选择与研究目标相匹配，并且能够提供有助于决策和设计的有用信息。通过对用户需求的深入了解，我们可以设计出更加人性化、符合用户期待的新媒体内容产品，提升用户满意度和忠诚度，最终推动产品的成功。

在进行需求研究时，需要注意以下几个问题。

- 需求描述的问题：需求描述应该尽可能清晰明确，避免模糊不清，导致理解上的偏差。同时，需求描述应该包含足够的细节，以便开发团队能够准确地理解和实现。
- 需求变化的问题：需求变化是开发过程中常见的问题，可能会导致项目延期或者超预算。因此，开发团队需要有足够的灵活性来应对需求变化，同时也需要在项目开始前尽可能地明确需求，减少需求变化的可能性。
- 需求的优先级及排期问题：由于资源有限，不可能所有的需求都能立即实现。因此，需要对需求进行优先级排序，优先实现最重要的需求。同时，也需要合理地安排开发计划，确保项目的顺利进行。

3. 需求分析整理

需求收集和分析的过程非常关键，其步骤包含去除伪需求、需求的重要性评估等，必须通过分析和验证来确定哪些需求是真实有效的，哪些可能是误解或者不切实际的期望（伪需求），以便制订出合理的产品开发计划。

用户的需求多种多样，应对收集的需求进行整理和分类，纳入需求管理工具中。这个工具可以是一个 Excel 文件，也可以是一个需求管理工具。在后续的产品实施过程中，如果有冲突或者不确定的地方，这份需求管理工具中的需求就是最终方案实施的依据。

对于当前管理工具存在的主要问题而言，一个好的需求管理工具除能满足基础的需求管理、具备自定义能力（满足不同团队的个性化需求）、拥有丰富的场景模板（满足日常工作的便捷化需求）外，还应该具备需求全生命周期的管理能力。

常用的需求管理工具包括国内的 PingCode、ONES、禅道，以及国外的 Jira、Visual Studio Online、GitLab，这些需求管理工具都提供了强大的功能来支持需求管理流程，包括需求的捕获、跟踪、变更控制和报告。选择合适的工具取决于组织的具体需求、预算以及团队的偏好。重要的是选择一个能够适应团队工作流程，并且能够随着产品的发展和团队的扩张而灵活调整的工具。

子任务 2.3.2　确定目标用户阶段

在这个阶段，我们需要更深入地了解目标用户，包括他们的年龄、性别、兴趣、职业等。这将帮助我们更好地定制内容，以满足他们的需求和期望。

确定目标用户阶段的具体操作步骤如下。

（1）用户信息采集。

首先，需要对潜在的目标用户进行信息采集。这可以通过多种方式进行，如在线问卷、社交媒体调查、焦点小组讨论、一对一访谈等。这些方法有助于了解用户的年龄、性别、职业、兴趣爱好、消费习惯等基本信息。

（2）用户特征分析。

在收集到用户信息后，需要对这些信息进行整理和分析，以了解目标用户的特征。这些特征可能包括他们的价值观、消费心理、购买习惯、信息获取渠道等。通过深入分析这些特征，可以更准确地把握目标用户的需求和偏好。

（3）确定目标用户画像。

根据用户特征分析的结果，可以构建出目标用户的画像。这个画像应该包括目标用户的基本信息、需求、偏好、行为模式等方面的详细描述。通过目标用户画像，可以更加直观地了解目标用户，为后续的内容创作和营销策略制定提供有力支持。

（4）验证和调整。

在初步确定目标用户后，还需要通过实际运营和数据分析来验证和调整目标用户画像。这可以通过观察用户的行为数据、分析用户反馈、进行 A/B 测试等方式进行。根据验证结果，可以对目标用户画像进行必要的调整和优化。

在确定目标用户阶段，需要注意以下几点。

● 精准定位：要尽可能精准地定位目标用户，避免将内容推送给不感兴趣或无关的用户。

● 深入了解：要深入了解目标用户的需求和偏好，以便创作出更符合他们口味的内容。

● 持续验证和调整：随着市场和用户的变化，需要持续验证和调整目标用户画像，以确保内容创作的针对性和有效性。

子任务 2.3.3 策划选题阶段

在策划选题阶段，我们需要确定内容主题，以及如何通过我们的内容来吸引和保持目标用户的注意力。这个阶段的目标是创建一个吸引人的、有趣的、有价值的内容主题。

在策划选题阶段，内容定位、选题策划和账号定位是确保内容成功创作的关键步骤，如图 2-24 所示。

下面将对这 3 个关键步骤分别进行介绍。

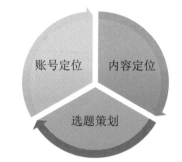

图 2-24 策划选题阶段的关键步骤

1. 内容定位

内容定位是指明确新媒体平台能够提供什么样的内容和功能给用户。在进行内容定位时，需要考虑以下因素。

● 用户需求满足：内容应解决用户的实际问题或提供用户感兴趣的信息。
● 风格统一：保持内容的一致性，以便用户能够轻松识别品牌的声音和形象。
● 符合营销目的：内容应支持企业的整体营销战略和目标。
● 高频输出：定期发布内容以保持用户的参与度和兴趣。
● 贴合运营能力：内容制作应在团队的能力和资源范围内。

2. 选题策划

选题策划是内容创作的前期工作，它决定了内容的吸引力和传播效果。在进行选题策划时，可以参考以下策划策略。

● 热点挖掘：关注行业动态、社会热点和趋势，以便及时制作相关内容。
● 内容差异化：确保你的内容具有独特性，避免与竞争对手的内容雷同。
● 价值提供：每个选题都应提供实际价值，无论是教育性的、娱乐性的还是解决问题的内容。
● SEO 优化：在选题时考虑搜索引擎优化（SEO），使用关键词策略来提高内容的在线可见性。
● 可持续性：创建内容日历，规划长期的内容系列，确保持续输出，同时保持内容的新鲜感。

3. 账号定位

账号定位是指明确账号在平台上的角色和目标。在进行账号定位时，可以采用以下定位策略。

● 品牌建设：确保账号形象与品牌一致性，建立品牌识别度。
● 互动策略：制订与粉丝互动的计划，提高粉丝参与度和忠诚度。

- 内容分发：选择合适的平台和时间发布内容，以最大化覆盖和影响力。
- 数据分析：通过数据分析来优化内容和策略，提高 ROI（Return on Investment，投资回报率）。

总结来说，策划选题阶段的关键是理解受众、挖掘热点、创意思考和数据分析。通过这些步骤，新媒体运营者可以确保内容的质量和吸引力，从而实现持续的内容输出和流量增长，同时也能够建立起品牌的声誉和忠实的用户群。

子任务 2.3.4　内容设计阶段

在内容设计阶段需要设计新媒体内容，包括选择合适的格式（如文章、视频、图像等）、编写文本、选择或创建图像和视频等。这个阶段的目标是创建一个视觉上吸引人的、易于理解和记忆的内容。

新媒体内容的设计阶段主要分为内容设计流程、脚本撰写和制作原型 3 部分，如图 2-25 所示，下面将分别进行介绍。

图 2-25　内容设计阶段的关键步骤

1. 内容设计流程

新媒体内容创作的设计流程涵盖从概念到实现的多个关键步骤，确保产品能够满足市场需求和用户期望。新媒体内容创作的整个设计流程主要包含以下几个方面。

- 框架设计：在产品定位基础上，设计满足市场和用户需求的模块。确定界面风格、使用素材、编辑规范和制作软件。
- 多媒体素材设计：根据内容特性选择文本、图片、视频、音频、动画等多媒体形式。设计多媒体素材以增强内容的吸引力和表现力，例如决定推文中图片的数量和排版。
- 交互设计：规划用户操作后的反馈和设备状态变化，如手机摇晃时的程序反应。
- 信息架构设计：组织和呈现新媒体产品中的信息，以便用户易于理解和访问。
- 功能设计：设计详细的功能，如检索、导航、书签设置，以提升用户体验。根据不同公众号的定位，如餐饮类和保险类，设计不同的导航栏功能。
- 技术可行性分析：考虑新媒体内容生产所需的技术支持，如大数据、云计算等。分析现有技术是否能满足设计要求，确保技术的适用性和限制。

通过这些设计流程，新媒体内容创作者可以系统地开发和优化其产品，从而提供高质量的用户体验和满足特定目标。

2. 脚本撰写

撰写脚本是新媒体内容创作中的一个重要环节，尤其是在视频制作和直播等领域。一个好的脚本不仅能够确保内容的流畅性和连贯性，还能够提高生产效率，减少后期编辑的工作量。以下是新媒体内容脚本撰写的基本步骤。

（1）确定主题和目标：确定脚本的目标，例如提升品牌知名度、推广产品、传递信息或教育用户等。了解目标受众的特点，包括他们的兴趣、需求、年龄、文化背景等。

（2）构思故事情节：根据主题构思故事线，包括开头、发展、高潮和结尾。设计情节点和转折，保持故事的吸引力和动态性。

（3）撰写大纲：创建脚本的大纲，列出每个部分或场景的关键点。确定每个场景的目的和需要传达的信息。

（4）详细撰写：根据大纲详细撰写每个场景的内容，包括对话、旁白和动作指令，确保语言风格与目标受众和品牌形象相符。

（5）对话和互动：编写角色之间的对话，使其自然、有说服力且符合角色性格。考虑观众互动的部分，如提问、调查或呼吁行动。

（6）审查和修改：审查脚本，确保信息准确无误，语言流畅，故事吸引人。根据反馈进行必要的修改和调整。

（7）脚本格式化：使用专业的脚本格式，包括正确的页边距、字体和对话缩进。为不同的内容类型（如视频、广播、剧本）使用相应的格式。

（8）最终检查：进行最后的校对，确保没有错别字或语法错误。确保脚本中的技术指示清晰，如镜头切换、音效提示等。

撰写脚本是一个迭代的过程，可能需要多次修改才能达到最佳效果。在实际操作中，脚本撰写还需要考虑实际拍摄条件、演员的表演和预算等因素。

3. 制作原型

由于新媒体内容包含众多形式，制作较为复杂，许多从业者便开始寻找"制作原型"，也就是通俗意义上的"模板"。

在新媒体内容制作中，模板的使用确实非常普遍。模板提供了一种高效、标准化的方法来创建内容，特别是在需要快速生产和发布大量内容的情况下。在制作原型时，需要熟悉以下几个模板的使用要点。

- 效率提升：模板可以显著提高内容生产的效率，因为它们减少了从零开始设计每个内容所需的时间和努力。
- 一致性维护：使用模板有助于保持品牌或系列内容的一致性，使观众能够更容易识别和关联内容。
- 易于使用：许多模板设计得非常易于使用，即使是没有设计背景的人也能够快速学习和操作。
- 可定制性：尽管模板提供了一个固定的结构，但大多数模板都允许用户根据自己的需要进行定制，如更改颜色、字体、图像和布局等。
- 创意限制：模板的一个潜在缺点是可能会限制创意。由于结构是预先设定的，这可能导致内容看起来过于相似，缺乏原创性。

- 适应不同平台：模板通常被设计成适应特定的社交媒体平台或内容类型，如 Instagram 的故事模板、Meta 封面照片模板等。
- 选择和修改：选择合适的模板至关重要，应该选择既能体现内容主题，又具有一定灵活性以供定制的模板。在使用模板时，应该根据目标受众的偏好和反馈进行必要的修改和优化。
- 版权问题：使用模板时需要注意版权问题，确保使用的模板是可以合法使用的，或者是购买了正式许可的。
- 趋势适应性：随着设计和内容趋势的变化，模板也需要不断更新以保持现代感和吸引力。

内容创作者应该在保持品牌一致性和提高生产效率的同时，不断寻求创新和个性化的方法来吸引和保持观众的兴趣。

子任务 2.3.5　制作编辑阶段

在制作编辑阶段，我们需要将内容制作成最终的产品，包括编辑文本、图像和视频，以及将它们组合成一个统一的整体。这个阶段的目标是创建一个高质量的、专业的、易于分享的内容产品。

新媒体内容创作的编辑阶段主要包含素材收集、素材拍摄和素材加工 3 个部分，如图 2-26 所示，下面将分别进行介绍。

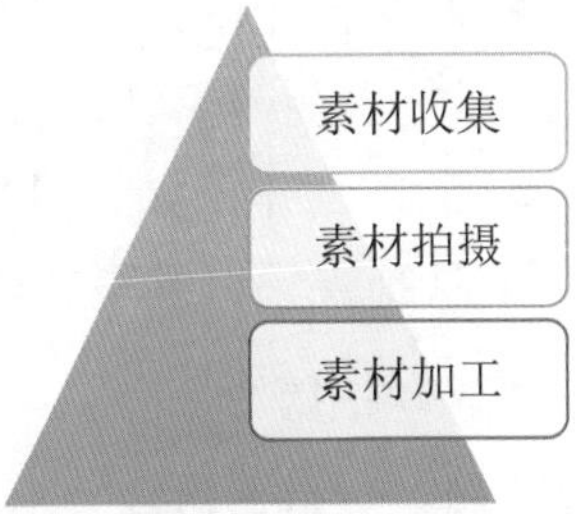

1. 素材收集

新媒体内容素材的收集是创作过程中的关键步骤，涉及寻找、筛选和整合各类信息，以支持内容的创作。

图 2-26　制作编辑阶段的 3 个部分

新媒体素材收集的渠道包括线上与线下两个部分，包含互联网搜索、书籍报刊、人物访谈等多种来源形式。做好素材收集工作，可以充分利用已有的资源，节约成本，加快新媒体内容产品的制作过程。但在收集素材时，要注意遵守版权法规，确保所使用的素材具有合法的使用权限。同时，要对素材进行筛选和整理，选择与你的内容主题和风格相符的素材进行使用。新媒体素材的收集渠道多种多样，下面将对新媒体的主要收集渠道进行介绍。

- 搜索引擎：使用 Google、百度等搜索引擎，通过关键词搜索来查找图片、视频、文章等素材。搜索引擎的高级搜索功能（如图片搜索、视频搜索）可以帮助你更精确地定位所需的素材。
- 社交媒体平台：社交媒体如微博、抖音、快手、Instagram、Meta、Twitter 等是获取实时、热门素材的重要渠道，可以关注与内容主题相关的账号、话题标签和群组，从中获取灵感和素材。
- 专业素材库：专业的图片库、视频库和音频库，如 Getty Images、Shutterstock、

Adobe Stock 等，提供了大量高质量、版权清晰的素材资源。这些平台通常提供付费订阅服务，但也可能有一些免费或试用资源。

- 新闻网站和博客：新闻网站和博客是获取新闻事件、行业动态和专家观点的重要来源。我们可以定期浏览这些网站，从中获取与内容主题相关的文章和图片素材。

- 行业论坛和社区：加入与内容主题相关的行业论坛和社区，与同行交流经验和分享素材。这些社区通常有丰富的资源和讨论，可以帮助获取灵感和找到高质量的素材。

- 政府机构和公共组织：政府机构和公共组织经常发布报告、数据和研究结果，这些都可以作为新媒体素材使用。我们可以访问这些组织的官方网站，查找和下载相关的文件和资料。

- 开源和共享平台：开源和共享平台如 GitHub、GitLab 等提供了大量的开源项目、代码库和创意资源。如果需要技术或设计方面的素材，这些平台可能是一个不错的选择。

- 用户生成内容（UGC）：鼓励用户或粉丝分享他们的内容作为素材，可以通过社交媒体互动、用户调查、在线社区等方式实现。UGC 可以增加内容的真实性和互动性。

- 购买或定制：如果预算允许，则可以考虑购买专业的素材或定制化的内容。这可以确保获得高质量、符合需求的素材资源。

- 个人创作：如果具备相关的技能和资源，也可以自己创作素材，包括拍摄照片、录制视频、撰写文章等。原创内容可以帮助建立独特的品牌形象和吸引粉丝。

2. 素材拍摄

新媒体素材拍摄是一个综合性的过程，涉及拍摄前的策划、拍摄过程中的技巧运用，以及拍摄后的素材整理等多个环节。因此，我们需要掌握好新媒体内容素材的以下拍摄流程。

- 明确拍摄目的和主题：在开始拍摄之前，首先要明确拍摄的目的和主题。这有助于确定拍摄的方向和重点，使拍摄过程更加有针对性。

- 策划拍摄方案：根据拍摄目的和主题，制定详细的拍摄方案，包括选择拍摄场地、确定拍摄时间、安排拍摄人员、准备拍摄设备等。同时，还要制订应急预案，以应对可能出现的意外情况。

- 选择合适的拍摄设备：根据拍摄需求选择合适的拍摄设备，如相机、手机、无人机等。同时，还要准备好相应的附件和配件，如三脚架、稳定器、麦克风等，以确保拍摄效果的质量。

- 掌握拍摄技巧：在拍摄过程中，掌握一些基本的拍摄技巧是非常重要的。例如，注意光线和构图，保持画面稳定，避免抖动和模糊。同时，还要学会运用不同的拍摄角度和拍摄手法，以呈现更加丰富的视觉效果。

- 捕捉关键瞬间：新媒体素材拍摄往往需要捕捉关键瞬间，以吸引观众的注意力。

因此，在拍摄过程中要保持敏锐的观察力，及时捕捉那些具有表现力和感染力的瞬间。

- 后期处理：拍摄完成后，还需要进行后期处理，包括剪辑、调色、添加音效等。这有助于提升素材的质量和吸引力，使其更符合新媒体平台的特点和观众的需求。
- 素材整理与备份：将拍摄好的素材进行整理和备份，以便于后续的使用和管理。同时，还可以根据需要对素材进行分类和标签化，以便于快速查找和使用。

新媒体素材拍摄需要综合考虑多个方面，从策划到执行再到后期处理都需要认真对待。只有这样才能拍摄出高质量、有吸引力的新媒体素材，为新媒体平台的发展提供有力支持。

3. 素材加工

在新媒体内容创作中，素材加工是提高内容质量和吸引力的关键环节。素材加工包括文字加工、图片加工和视频加工三个主要部分，如图 2-27 所示，每个部分都有其特定的加工技巧和工具。

下面将对这 3 个加工部分分别进行介绍。

图 2-27　素材加工的 3 个部分

1）文字加工

文字加工是确保文章质量的关键环节，通常指的是对文本进行编辑、修改、优化或重组的过程，以提高文本的语法、语义、逻辑、风格或格式等方面的质量。可以采用以下方法进行文字加工。

（1）语法修正：检查文本中的语法错误，如主谓不一致、时态错误、句子结构问题等，并进行修正。

（2）语义调整：确保文本表达清晰、准确，避免歧义或模糊的表达方式，可能需要调整词语的选择、句子的组织或段落的顺序。

（3）逻辑优化：改善文本的逻辑结构和条理性，确保段落之间的衔接自然，信息传达流畅。

（4）风格改进：根据文本的目标读者和用途，调整文本的语言风格，使其更符合读者的阅读习惯和偏好。

（5）格式调整：根据特定的排版要求或出版规范，对文本的格式进行调整，如字体、字号、行距、段落间距等。

（6）内容重组：在需要时，对文本的内容进行重组，以更好地传达信息或达到特定的传播效果。

文字加工可以使用各种工具和技术来完成，包括文本编辑器（如 Microsoft Word、WPS Office 等）、在线语法检查工具、自动文本校正软件等。如图 2-28 所示为 WPS Office 文本编辑器工具。此外，专业的编辑、校对人员也具备进行高质量文字加工的能力。

图 2-28　WPS Office 文本编辑器工具

需要注意的是，文字加工不仅仅是简单的语法修正或格式调整，还包括对文本内容的深入理解和分析，以及对读者需求的准确把握。因此，进行文字加工时，需要注重文本的整体质量和传播效果。

2）图片加工

图片加工是指对原始图片进行编辑、修改、优化或创作，以满足特定的需求或目标。这个过程可以包括多种技术和步骤。下面将介绍一些常见的图片加工操作。

（1）裁剪和调整尺寸：根据需求裁剪图片，去除不需要的部分，或调整图片的尺寸以适应特定的用途，如网页、社交媒体或打印品。

（2）色彩调整：通过调整图片的亮度、对比度、饱和度等色彩属性，改善图片的色彩效果，使其更加鲜艳、清晰或符合特定的风格。

（3）滤镜和特效：应用各种滤镜和特效，如复古、黑白、HDR 等，以改变图片的外观和氛围，创造出不同的视觉效果。

（4）文字添加：在图片上添加文字，如标题、标签、说明等，以增加图片的信息量或突出显示特定内容。

（5）图形和元素叠加：将其他图形、图像或元素叠加到原始图片上，创建复合图像或设计，如添加水印、边框、图标等。

（6）背景替换：将图片的背景替换为其他颜色、图像或渐变效果，以改变图片的视觉效果或适应特定的背景要求。

（7）修复和增强：修复图片中的瑕疵、划痕或缺陷，提高图片的清晰度和细节，使其更加完美。

为了进行图片加工，人们可以使用各种软件和工具，如 Adobe Photoshop、GIMP、CorelDRAW 等专业的图像处理软件，以及在线的图片编辑工具。这些工具提供了丰富的功能和选项，让用户能够轻松地对图片进行加工和创作。如图 2-29 所示为 Adobe Photoshop 图像编辑工具。

图 2-29　Adobe Photoshop 图像编辑工具

此外，随着技术的发展，现在还有一些 AI 辅助的图片加工工具，如智能滤镜、自动修复等，这些工具能够自动化地完成一些常见的图片加工任务，提高加工效率和质量。

总之，图片加工是一个灵活多样的过程，可以根据具体的需求和目标进行定制化的操作，以创造出符合要求的图片作品。

3）视频加工

视频加工是指对原始视频素材进行编辑、修改、优化或创作的过程，以满足特定的需求或目标。下面将介绍一些常见的视频加工操作。

（1）剪辑：根据故事情节、主题或节奏，将原始视频素材进行裁剪、拼接和组合，以创建出流畅、连贯的视频内容。

（2）特效添加：为视频添加各种视觉效果，如文字、字幕、动画、滤镜、转场效果等，以增强视频的吸引力和表现力。

（3）音频处理：对视频的音频部分进行编辑和调整，包括音量大小、音频剪辑、音频替换、背景音乐添加等，以确保音频与视频内容的协调性和一致性。

（4）颜色校正和调色：对视频的色彩进行校正和调整，包括亮度、对比度、饱和度等参数的调整，以及特殊效果的添加，以改善视频的视觉效果。

（5）字幕和配音：为视频添加字幕和配音，以帮助观众更好地理解视频内容，并增强视频的感染力和表现力。

（6）背景替换和合成：将视频的背景替换为其他图像或视频素材，或将多个视频素材进行合成，以创建出更加丰富多彩的视频内容。

为了进行视频加工，人们可以使用各种视频编辑软件和工具，如 Adobe Premiere Pro、Final Cut Pro、剪映等。这些软件提供了丰富的功能和选项，让用户能够轻松地对视频进行加工和创作。如图 2-30 所示为 Adobe Premiere Pro 视频编辑工具。

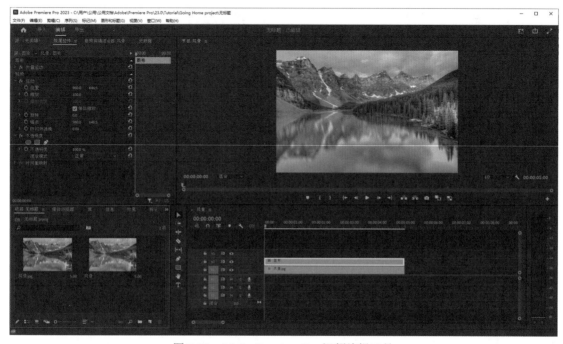

图 2-30　Adobe Premiere Pro 视频编辑工具

需要注意的是，视频加工需要一定的技术和创意能力。不同的视频加工需求和目标需要采用不同的加工技术和方法。因此，对于初学者来说，可以先从简单的视频剪辑和编辑开始，逐渐掌握更多的视频加工技巧和方法。

子任务 2.3.6　内容产品发布阶段

在内容产品发布阶段，需要将内容产品发布到微博、小红书、抖音等各个平台上，以便目标用户可以访问和分享它。这个阶段的目标是确保内容产品能够达到最多的观众，以及产生最大的影响。

新媒体内容产品的发布流程大致如下。

1. 注册登录账号

在进行任何发布活动之前，首先需要在目标平台上注册并登录账号，包括填写相关的个人信息、验证邮箱或手机号等，确保账号的安全性和有效性。根据不同平台的要求，可能需要进行身份验证或认证，特别是对于商业账号，这有助于建立用户的信任感和权威性。

2. 进入内容发布界面

登录后，找到平台的"发布"或"创建新内容"选项。不同的平台可能会有不同的界面设计，但通常都会有明确的指引。熟悉发布工具的各项功能，如文本编辑、图片上传、视频插入等，这些都是提升内容质量和互动性的重要技能。

3. 对内容进行编辑

根据内容的类型（如图文、视频等），进行相应的编辑工作。例如，图文内容需要对文本和图片进行合理排版，视频内容则需要剪辑视频并添加合适的背景音乐或旁白。考虑到不同平台的特性和用户偏好，调整内容的形式和风格。例如，Instagram 更适合视觉冲击力强的内容，而 Twitter 则更注重文字信息的快速传播。

4. 检查、审核内容

在内容发布前进行仔细的检查，确保没有错别字、语法错误或不准确的信息。这不仅关乎品牌形象，也影响信息的传达效果。根据平台的规定进行内容审核，确保不违反任何发布规则或版权法。一些敏感话题或不当表达可能会导致内容被下架甚至账号被封禁。

5. 发布内容

选择合适的时间发布内容，这对于提高内容的可见度和互动率至关重要。我们可以通过分析目标受众的活跃时间来进行优化。发布后，积极监控用户的反馈和互动情况，根据用户的行为数据调整后续的内容策略。利用平台提供的分析工具，如观看次数、点赞率、转发量等指标，来评估内容的表现。

6. 持续跟进与优化

根据发布后的表现和用户反馈，持续优化内容策略。测试不同的内容类型、风格或发布时间，找到最适合目标受众的方法。定期回顾和总结发布流程中的经验教训，不断改进工作流程，提高工作效率和内容质量。

新媒体内容产品的发布是一个综合性的工作，涉及多个环节和细节操作。通过严格的流程控制和细致的市场调研，可以显著提高内容的吸引力和传播效果，从而实现商业目标和品牌影响力的提升。

项目实训　通过新媒体内容创作《中国很赞》短视频　☰

创作《中国很赞》短视频，其模仿案例界面如图 2-31 所示。短视频应该以"点赞青春，点赞中国，奋斗新时代"为主题，表达对祖国的热爱和祝福。采用手指舞的形式，配合阳光向上的歌词，展现了年轻人的活力和对祖国的热爱。

图 2-31 《中国很赞》模仿案例界面

下面将介绍通过新媒体内容创作《中国很赞》短视频的具体操作流程。

1. 确定主题与目标

选定"点赞青春，点赞中国，奋斗新时代"作为主题，旨在通过短视频的形式，表达对祖国的热爱和祝福。明确目标受众为全体网友，特别是年轻人群体，以引发广泛共鸣。

2. 策划与准备

编写视频剧本，设计多变有趣的手指舞，配合阳光向上的歌词；准备拍摄设备和场景，确保视频质量，考虑光线、背景和声音等因素。发起众筹活动，邀请网友上传手指舞视频，增加互动性和参与感。

3. 拍摄与收集素材

使用专业设备拍摄年轻人的手指舞视频作为示范。收集网友上传的手指舞视频素材，包括不同领域的专业人士和明星的参与。

4. 后期剪辑与制作

将收集到的素材进行剪辑和编辑，确保视频的连贯性和吸引力。添加特效、字幕、配乐等元素，提升视频质感和观赏性。保持剪辑的简洁流畅，确保各个元素的协调与统一。

5. 发布与推广

将制作完成的短视频发布到各大社交媒体平台，如抖音、快手、微博等。利用众筹活动的热度，通过社交媒体、朋友圈、论坛等渠道进行推广。监测视频数据，根据反馈调整推广策略，提高曝光率和观看量。

6. 效果评估与反馈

统计视频的全网播放量、点赞量、转发量等数据，评估视频的传播效果。收集网友的评论和反馈，了解他们对视频的喜好和建议。根据评估结果，对后续的视频创作和推广进行改进和优化。

项目总结

本项目介绍了新媒体内容的特点与表现形式、新媒体内容创作的原则与要点，以及新媒体内容创作的流程与方法。通过本项目的学习，读者可以全面掌握新媒体内容的多元化特点及其在不同媒介中的展现方式，深刻理解内容创作应遵循的创意性、针对性、可读性和价值性等原则，并熟悉从策划、构思、制作到发布的完整创作流程。此外，通过项目实训中的《中国很赞》短视频创作，读者还可以亲身体验新媒体内容创作的实践过程，进一步提升自己的创作技能与实战经验。

项目 3　新媒体图像制作技术

　　新媒体图像制作技术是一个综合性的技能，广泛应用于社交媒体、网站及应用程序等新媒体平台。它融合了多种技术和工具，旨在创建和优化图像内容。作为新媒体制作的关键技术之一，本项目将深入讲解新媒体图像制作，涵盖从数字图像处理基础到图像采集、处理、编辑、修饰，再到创意设计与应用等全方位内容。通过本项目的学习，读者能够迅速掌握相关基础知识，高效制作出符合新媒体需求的图像内容。

本项目学习要点

- 掌握数字图像的概念、分类与基本术语
- 掌握图像编辑与修饰工具
- 掌握图像创意设计与应用

任务 3.1　数字图像处理基础知识

在新媒体时代，图像处理已经成为一项基本的创作技能，它不仅关系到视觉呈现的质量，还直接影响信息传播的效果。本节将介绍数字图像处理的基础知识，包含有概念、分类和基本术语等。

子任务 3.1.1　数字图像的概念

数字图像也被称为数码图像或数位图像，是二维图像以有限的数字数值像素表示的形式。这些像素可以是点、块或其他形状，它们有各自的位置和颜色信息。数字图像由模拟图像数字化得到，或以像素为基本单位直接用数字仪器生成。

数字图像的主要特点有离散性、可量化和可编辑性，如图 3-1 所示，下面将对数字图像的各个特点进行介绍。

- 离散性：数字图像是由有限数量的像素点构成的，每个像素点都有确定的位置和色彩值。
- 可量化：像素点的色彩值是用数字来表示的，通常有一定的取值范围。
- 可编辑性：数字图像可以通过各种图像处理软件进行编辑、修改和增强等操作。

图 3-1　数字图像的特点

数字图像在计算机视觉、医学诊断、遥感探测、军事侦察、艺术处理和机器人视觉等领域都有广泛的应用。随着数字技术的不断发展，数字图像已经成为现代社会中不可或缺的一部分。

子任务 3.1.2　数字图像的分类

数字图像的分类是一个涉及多个维度和标准的过程，主要取决于图像的来源、内容、处理目的和技术等方面。在数字图像处理领域，根据不同的需求和应用场景，数字图像可以被分为多种类型，如图 3-2 所示。

下面将对数字图像的各个分类进行详细介绍。

1. 基于色彩和光谱特性分类

基于色彩和光谱特性可以将图像分类为灰度图像、黑白图像、彩色图像和多光谱图像 4 种，下面将分别进行介绍。

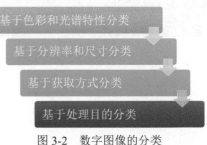

图 3-2　数字图像的分类

- 灰度图像：灰度图像中每个像素只有一个采样颜色。这类图像通常用于需要处理单通道数据的场合，如文档图像处理或在某些计算任务中减少复杂性，如图 3-3 所示。

- 黑白图像：黑色图像中每个像素的亮度值仅可以取自 0（黑色）～ 1（白色）的范围。由于只有两种灰度等级，因此也被称作二值图像，常用于文字、线条图的扫描识别（Optical character Recognition，OCR）和掩膜图像的存储，如图 3-4 所示。

图 3-3　灰度图像　　　　　　　　　　　　图 3-4　黑白图像

- 彩色图像：与灰度图像不同，彩色图像中的每个像素包括多个采样颜色，常见的是红、绿、蓝（RGB）三个颜色通道。这种类型的图像能更好地表现现实世界的色彩，适用于需要色彩信息的应用，如照片再现或场景重建，如图 3-5 所示。
- 多光谱图像：多光谱图像在数个不同波长区域捕获数据，常用于遥感、农业和环境监测等领域。它可以提供关于地面或物体的更多信息，有助于分析特定物质的存在或分布，如图 3-6 所示。

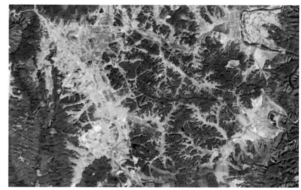

图 3-5　彩色图像　　　　　　　　　　　　图 3-6　多光谱图像

2. 基于分辨率和尺寸分类

基于分辨率和尺寸可以将图像分类为低分辨率和高分辨率图像两种，下面将分别进行介绍。

- 低分辨率图像包含较少的像素，通常用于需要快速传输或文件大小较小的应用，如图 3-7 所示。

● 高分辨率图像则相反，提供了更多的细节，适用于需要高精度处理的应用场景，如卫星图像解析或医学诊断，如图 3-8 所示。

图 3-7　低分辨率图像

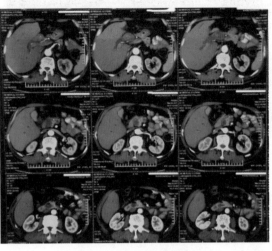

图 3-8　高分辨率图像

3. 基于获取方式分类

基于获取方式可以将图像分类为静态图像和动态图像两种，下面将分别进行介绍。

● 静态图像（或帧）是指那些不随时间改变的图像，如普通照片，如图 3-9 所示。

● 动态图像即视频，由一系列静态图像组成，连续播放可以产生视觉上的动态效果。视频处理需要考虑到时间轴上的变化，常用于监控、电影产业和通信等领域，如图 3-10 所示。

图 3-9　静态图像

图 3-10　动态图像

4. 基于处理目的分类

基于处理目的可以将图像分类为自然图像和合成图像两种。其中，自然图像直接从自然环境中获得，如图 3-11 所示为自然拍摄的辣椒。而合成图像则是通过计算机图形学技术生成的，常用于电影特效、虚拟现实和游戏设计中，如图 3-12 所示。

图 3-11　自然图像

图 3-12　合成图像

总的来说，数字图像的分类涵盖广泛的领域，每种类型的图像都有其独特的属性和适用场景。了解这些分类不仅有助于选择合适的技术和工具来处理特定类型的图像，还能提高处理效率和结果的准确性。

子任务 3.1.3　数字图像的基本术语

数字图像的基本术语包含分辨率、像素、颜色模式、图像格式、图像重构与图像分割、全景拼接等，下面将分别进行介绍。

1. 分辨率和像素

分辨率指的是图像中细节的精细程度，或者说图像的清晰度。它可以用不同的方式来度量，但在数字图像中，通常指的是空间分辨率和显示分辨率两种。

- 空间分辨率（Spatial Resolution）：也称为图像分辨率或像素分辨率，表示图像中每单位长度（通常是英寸或厘米）的像素数量。例如，一个图像的分辨率可能是 300 像素 / 英寸（Pixels Per Inch，PPI）。空间分辨率越高，图像中的细节就越丰富。
- 显示分辨率（Display Resolution）：指的是显示设备（如计算机显示器、电视等）能够显示的像素数量。通常以像素的宽度和高度来表示，例如 1920×1080 像素。

像素是数字图像的基本单元，是图像中能够独立控制和处理的最小元素。每个像素都有自己的位置和颜色值（或亮度值）。在数字图像中，图像由一系列排列整齐的像素组成，这些像素共同构成了一幅完整的图像。

分辨率和像素之间的关系非常密切。图像的分辨率决定了图像中像素的数量，而像素则是构成图像的基本单元。例如，在给定的空间分辨率下，图像的尺寸（宽度和高度）决定了像素的总数。例如，一个 300 PPI 的图像，如果其宽度为 3 英寸、高度为 2 英寸，那么它的总像素数就是 300×3×200×2=360 000 像素。

相反地，如果我们知道图像的像素总数和尺寸，也可以计算出其分辨率。例如，一个 1920×1080 像素的图像，如果其宽度为 6 英寸，那么其分辨率就是 1920 像素 /6 英寸 =320 PPI。

在实际应用中，分辨率和像素的选择取决于具体的需求和用途。例如，在打印高质量图像时，通常需要较高的分辨率和更多的像素来保证图像的清晰度；而在网页设计中，由于屏幕尺寸和带宽的限制，通常会选择较低的分辨率和像素来优化图像的加载速度和显示效果。

在制作新媒体图像时，如果要调整图像的分辨率和像素，则可以在 Photoshop 软件的"图像大小"对话框中进行调整，如图 3-13 所示。

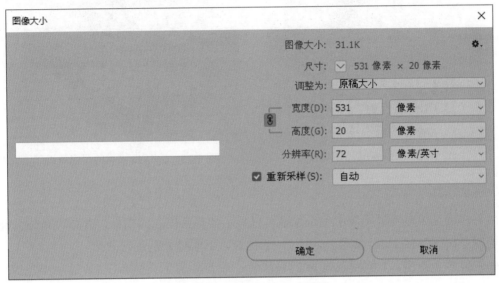

图 3-13　"图像大小"对话框

2. 颜色模式

颜色模式是将某种颜色表现为数字形式的模型，或者说是一种记录图像颜色的方式。常见的颜色模式如下。

- RGB 模式：RGB 颜色模式基于红（Red）、绿（Green）、蓝（Blue）三种基本颜色光线的叠加原理，通过调整这三种颜色的强度来生成各种颜色。RGB 模式被广泛用于计算机监视器和电视机等显示设备。如图 3-14 所示为 RGB 模式的图像效果。

- CMYK 模式：CMYK 模式是一种印刷模式，其中 C 代表青色（Cyan），M 代表洋红（Magenta），Y 代表黄色（Yellow），K 代表黑色（Black）。CMYK 模式用于印刷行业，通过控制这 4 种油墨的混合比例来产生不同的颜色。如图 3-15 所示为 CMYK 模式的图像效果。

- HSB 模式：HSB 模式基于色相（Hue）、饱和度（Saturation）和亮度（Brightness）3 个参数来描述颜色。色相表示颜色的种类，饱和度表示颜色的深浅程度，亮度表示颜色的明暗程度。

此外，还有 Lab 颜色模式、位图模式、灰度模式、索引颜色模式、双色调模式和多通道模式等不同的颜色模式，它们分别适用于不同的应用场景。

图 3-14 RGB 模式的图像效果

图 3-15 CMYK 模式的图像效果

3. 颜色深度

颜色深度是用来度量图像中每个像素可以显示的颜色信息的指标，其单位是位（bit）。常用的颜色深度包括 1 位、8 位、24 位、32 位等，下面将分别进行介绍。

- 1 位颜色深度：1 位图像包含 2^1 种颜色，即两种颜色（黑和白）。这种颜色深度非常简单，只适用于最简单的黑白图像。
- 8 位颜色深度：8 位图像包含 2^8 种颜色，即 256 种颜色。这种颜色深度已经足够用于大多数灰度图像和彩色图像的初步预览。
- 24 位颜色深度：24 位图像通常用于真彩色图像，它包含红、绿、蓝三种颜色通道，每种通道使用 8 位来表示颜色的深浅，因此总共可以表示 2^{24} 种颜色，即约 1 677 万种颜色。这种颜色深度已经足够用于大多数高质量图像的显示和打印。
- 32 位颜色深度：32 位图像在 24 位的基础上增加了一个额外的通道（如 Alpha 通道），用于表示透明度信息。Alpha 通道也使用 8 位来表示透明度的深浅，因此总共可以表示 2^{32} 种颜色组合和透明度信息。

颜色深度越大，表明图像中所具有的可用颜色越多，图像色彩也就越丰富，同时图像中所用的颜色也越精确，越接近自然界中的颜色。但是，随着颜色深度的增加，图像文件的大小也会相应增加，因此需要根据具体的应用场景和需求来选择合适的颜色深度。

4. 图像存储格式

图像文件有很多存储格式，对于同一幅图像，有的文件小，有的文件则非常大，这是因为文件的压缩形式不同。小文件可能会损失很多图像信息，因而存储空间小，而大的文件则会更好地保持图像质量。总之，不同的文件格式有不同的特点，只有熟练掌握各种文件格式的特点，才能扬长避短，提高图像处理的效率。下面介绍 Photoshop 中图像的存储格式。

Photoshop 软件支持包括 PSD、3DS、TIF、JPG、BMP、PCX、FLM、GIF、PNTG、IFF、RAW 和 SCT 等 20 多种文件存储格式。

下面介绍几种常用的文件格式：

- PSD（*.PSD）：PSD 格式是 Photoshop 新建和保存图像文件的默认格式。PSD 格式是唯一可支持所有图像模式的格式，并且可以存储 Photoshop 中创建的所有图层、通道、参考线、注释和颜色模式等信息。因此，对于没有编辑完成，下次需要继续编辑的文件最好保存为 PSD 格式。但由于 PSD 格式所包含的图像数据信息较多，因此尽管在保存时会压缩，但是仍然要比其他格式的图像文件大很多。PSD 文件保留所有原图像数据信息，因此修改起来十分方便。

- BMP（*.BMP）：BMP 是 Windows 平台标准的位图格式，很多软件都支持该格式，使用非常广泛。BMP 格式支持 RGB、索引颜色、灰度和位图颜色模式，不支持 CMYK 颜色模式的图像，也不支持 Alpha 通道。

- GIF（*.GIF）：GIF 格式也是通用的图像格式之一，由于最多只能保存 256 种颜色，且使用 LZW 压缩方式压缩文件，因此 GIF 格式保存的文件非常轻便，不会占用太多的磁盘空间，非常适合 Internet 上的图片传输。GIF 采用两种保存格式，一种为"正常"格式，可以支持透明背景和动画格式；另一种为"交错"格式，可让图像在网络上以由模糊逐渐转为清晰的方式显示。

- EPS（*.EPS）：EPS 是 Encapsulated PostScript 首字母的缩写。EPS 可同时包含像素信息和矢量信息，是一种通用的行业标准格式。在 Photoshop 中打开其他应用程序创建的包含矢量图形的 EPS 文件时，Photoshop 会对此文件进行栅格化，将矢量图形转换为像素。除多通道模式的图像外，其他模式都可存储为 EPS 格式，但是它不支持 Alpha 通道。EPS 格式支持剪贴路径，可以产生镂空或蒙版效果。

- JPEG（*.JPEG）：JPEG 文件比较小，是一种高压缩比、有损压缩真彩色图像文件格式，所以在注重文件大小的领域应用很广，比如上传在网络上的大部分高颜色深度图像。在压缩保存的过程中与 GIF 格式不同，JPEG 保留 RGB 图像中的所有颜色信息，以失真最小的方式去掉一些细微数据。JPEG 图像在打开时自动解压缩。在大多数情况下，采用"最佳"品质选项产生的压缩效果与原图几乎没有区别。

- PCX（*.PCX）：PCX 格式普遍用在 IBM PC 兼容计算机上。在当前众多的图像文件格式中，PCX 格式是比较流行的。PCX 格式支持 RGB、索引颜色、灰度和位图颜色模式，不支持 Alpha 通道。PCX 支持 RLE 压缩方式，并支持 1～24 位的图像。

- PDF（*.PDF）：PDF（Portable Document Format，可移植文档格式）格式是 Adobe 公司开发的，用于 Windows、macOS 和 DOS 系统的一种电子出版软件的文档格式。与 PostScript 页面一样，PDF 文件可以包含位图和矢量图，还可以包含电子文档查找和导航功能，如电子链接。Photoshop PDF 格式支持 RGB、索引颜色、CMYK、灰度、位图和 Lab 颜色模式，不支持 Alpha 通道。PDF 格式支持 JPEG 和 ZIP 的压缩，但是位图颜色模式除外。在保存时，可以打开如图 3-16 所示的对话框，从中可以指定压缩方式和压缩品质。在 Photoshop 中打开其他应用程序创建的 PDF 文件时，Photoshop 将对文件进行栅格化。

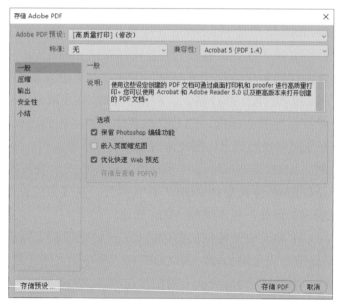

图 3-16 "存储 Adobe PDF"对话框

- PIXAR（*.PXR）：PIXAR 格式是专为与 PIXAR 图像计算机交换文件而设计的。PIXAR 工作站用于高档图像应用程序，如三维图像和动画。PIXAR 格式支持带一个 Alpha 通道的 RGB 文件和灰度文件。

- PNG（*.PNG）：PNG（Portable Network Graphics，轻便网络图形）是 Netscape 公司专为互联网开发的网络图像格式，由于并不是所有的浏览器都支持 PNG 格式，因此该格式使用范围没有 GIF 和 JPEG 广泛。但不同于 GIF 格式图像的是，它可以保存 24 位的真彩色图像，并且支持透明背景和消除锯齿边缘的功能，可以在不失真的情况下压缩保存图像。PNG 格式在 RGB 和灰度颜色模式下支持 Alpha 通道，但在索引颜色和位图模式下不支持 Alpha 通道。在存储为 PNG 格式时，会打开如图 3-17 所示的对话框。

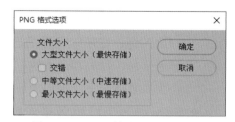

图 3-17 "PNG 格式选项"对话框

- Scitex CT（*.SCT）：Scitex 是一种高档的图像处理及印刷系统，它所使用的 SCT 格式可以用来记录 RGB 及灰度模式下的连续色调。Photoshop 中的 SCT（Scitex Continuous Tone）格式支持 CMYK、RGB 和灰度模式的文件，但不支持 Alpha 通道。一个 CMYK 模式的图像保存成 Scitex CT 格式时，其文件非常大。这些文件通常是由 Scitex 扫描仪输入产生的图像，在 Photoshop 中处理之后，再由 Scitex 专用的输出设备进行分色网版输出，这种高档的系统可以提供极高的输出品质。

- Targa（*.TGA、*.VDA、*.ICB 和 *.VST）：TGA（Targa）格式专用于使用 Truevision

视频板的系统，MS-DOS 色彩应用程序普遍支持这种格式。Targa 格式支持带一个 Alpha 通道 32 位 RGB 文件和不带 Alpha 通道的索引颜色、灰度、16 位和 24 位 RGB 文件。

- TIFF（*.TIFF）：TIFF 格式是印刷行业标准的图像格式，几乎所有的图像处理软件和排版软件都提供了很好的支持，通用性很强，被广泛用于程序之间和计算机平台之间进行图像数据交换。TIFF 格式支持 RGB、CMYK、Lab、索引颜色、位图和灰度颜色模式，并且在 RGB、CMYK 和灰度三种颜色模式中还支持使用通道、图层和路径。在 Photoshop 中选择保存为 TIFF 的文件格式时，会出现如图 3-18 所示的对话框。

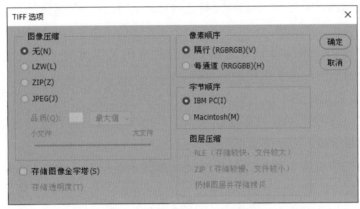

图 3-18 "TIFF 选项"对话框

从中选择存储文件为 IBM-PC 兼容计算机可读的格式或 Macintosh 计算机可读的格式。在"图像压缩"设置区域中，可以选择无压缩、LZW 压缩（这是 TIFF 格式支持的一种无损压缩方法）、ZIP 压缩和 JPEG 压缩。其中对于 JPEG 压缩，还可以根据需要在品质和文件大小之间取得折中。

- Film Strip（*.FLM）：该格式是 Adobe Premiere 动画软件使用的格式，这种格式只能在 Photoshop 中打开、修改并保存，而不能够将其他格式的图像转换为 FLM 格式的图像，而且在 Photoshop 中如果更改了 FLM 格式图像的尺寸和分辨率，则保存后不能够重新插入 Adobe Premiere 软件中。

5. 图像重构

图像重构是一个涉及多种技术和方法的图像处理过程，其目的在于从原始图像或图像数据中恢复、增强或创建新的图像。通常指将若干局部图像重构成一幅完整图像的过程，或利用计算机对一幅低分辨率图像或图像序列进行处理，恢复出高分辨率图像的一种图像处理技术。常见的图像重构可以分成超分辨率重构、图像滤波重构、图像插值重构、像素点云重构、形态学重构、图像分割重构等，如图 3-19 所示。

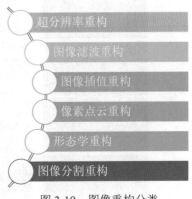

图 3-19 图像重构分类

下面将对图像重构的各个分类进行详细介绍。

- 超分辨率重构：主要分为单幅图像的超分辨率重构和多幅图像的超分辨率重构。
- 图像滤波重构：通过特定的滤波器与图像进行卷积，实现图像的平滑、锐化或边缘检测等操作。
- 图像插值重构：通过对已有图像中的像素值进行适当的估计，生成新的图像。常见的插值算法有最近邻插值、双线性插值、双三次插值等。
- 像素点云重构：利用图像中的像素点位置和像素值信息，通过点云重建算法将其转换为三维点云数据。
- 形态学重构：基于图像与结构元素之间的操作关系进行图像处理与分析，常用于图像的分割和去噪处理。
- 图像分割重构：将图像划分为多个具有独立语义信息的子区域，包括阈值分割、基于边缘的分割、基于区域的分割等方法。

图像重构一般应用在医学、工业自动化和机器人等领域，下面将分别进行介绍。

- 医学领域：CT 技术通过投影重建技术，利用 X 射线、超声波等透视投影图计算恢复物体的断层图，为医学诊断提供手段。
- 工业自动化和机器人领域：立体视觉重建技术通过双目成像的立体视觉模型恢复物体的形状，提取物体的三维信息。
- 遥感图像中的地形重建：利用明暗恢复形状技术，通过图像中各个像素的明暗程度恢复物体的三维形状。

图像重构是一个复杂且多样的领域，随着技术的不断发展，新的方法和工具不断涌现，为图像处理提供了更多的可能性。

6. 图像分割

图像分割是将数字图像细分为多个图像子区域（像素的集合，也被称为超像素）或对象的过程。分割的目的是简化或改变图像的表示形式，使得图像更容易分析和理解。如图3-20 所示为图像分割效果。

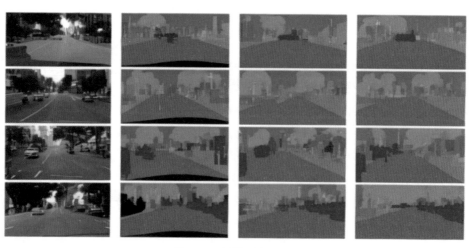

图 3-20　图像分割效果

图像分割的方法可以基于不同的标准进行分类，常见的分类方式如图 3-21 所示。
下面将对图像分割的各个分类进行详细介绍。

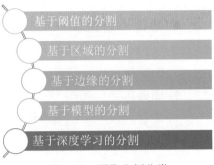

- 基于阈值的分割：通过选择一个或多个阈值，将图像的像素值划分为不同的类别。
- 基于区域的分割：根据像素之间的相似性（如颜色、纹理等），将图像划分为不同的区域。
- 基于边缘的分割：通过检测图像中不同区域之间的边界或边缘来实现分割。
- 基于模型的分割：利用先验知识（如形状、纹理等模型）来指导分割过程。

图 3-21　图像分割分类

- 基于深度学习的分割：利用深度学习算法（如卷积神经网络）进行图像分割，这种方法近年来得到了广泛的关注和应用。

图像分割一般应用在医学图像处理、自动驾驶、卫星遥感等领域，下面将分别进行介绍。

- 医学图像处理：用于诊断、治疗规划和手术导航等。例如，在 MRI 或 CT 图像中识别出病变区域。
- 自动驾驶：用于道路检测、车辆和行人识别等。
- 卫星遥感：用于土地利用分类、城市规划等。
- 安防监控：用于人脸识别、行为分析等。
- 计算机视觉：作为目标检测、跟踪和识别等任务的前置步骤。

7. 全景拼接

全景拼接是一种将多张图片进行缝合，生成一张视野更大的全景图的技术。其核心原理是将两幅或多幅具有重叠区域的图像，合并成一张大图。如图 3-22 所示为全景拼接图像效果。

图 3-22　全景拼接图像效果

全景拼接主要包括特征点的提取与匹配、图像配准、图像融合三大部分，下面将分别进行介绍。

- 特征点的提取与匹配：采用如 SIFT（Scale-Invariant Feature Transform）、SURF（Speeded Up Robust Features）等特征点匹配算法对图像进行特征点匹配，得到两幅图像中相互匹配的特征点对。
- 图像配准：采用一定的匹配策略，找出待拼接图像中的模板或特征点在参考图像中对应的位置，进而确定两幅图像之间的变换关系。
- 图像融合：将待拼接图像的重合区域进行融合，得到拼接重构的平滑无缝全景图像。

全景拼接通过关键点检测器和特征描述子（如 SIFT）获取关键点和特征，利用 K 近邻算法进行特征匹配，并通过 RANSAC 算法估计投影变换矩阵，最终将图像经投影变换进行拼接生成全景图。

全景拼接一般应用在摄影、VR、AR 以及监控和安防领域，下面将分别进行介绍。

- 摄影领域：用于创建 360° 全景照片，为观众提供沉浸式的视觉体验。
- VR 和 AR：在 VR 和 AR 应用中，全景拼接技术用于生成全景图像或视频，可以提供更为真实和广阔的虚拟环境。
- 监控和安防：在监控和安防领域，全景拼接技术可以将多个摄像头的画面拼接成一个全景画面，便于监控人员更全面地了解监控区域的情况。

任务 3.2　图像采集与处理技术

图像采集与处理技术涉及从现实世界获取图像数据，并对其进行处理以提取有用信息或改善图像质量的过程。本节将详细讲解图像采集的方法与处理技术，以便快速完成新媒体图像制作技术的前期准备工作。

子任务 3.2.1　图像采集方法与工具介绍

图像采集是将现实世界的场景或物体转换为数字图像的过程。这一过程通常通过图像采集设备（如相机、扫描仪）等完成。

1.图像采集方法

图像采集方法包含相机捕捉、视频采集、红外 / 热红外捕捉和 3D 扫描等，下面将分别进行介绍。

1）相机捕捉

使用数码相机或摄像机通过逐行或逐帧扫描的方式捕捉图像，如图 3-23 所示。这是最常见的图像获取方式，适用于大多数场景。在使用相机捕捉图像时，分辨率、曝光和对比度等因素对获取的图像质量至关重要。更高的分辨率可以提供更多的信息，但会增加存储和处理的要求。

2）视频采集

通过摄像机或手机摄像头实时采集连续的视频流。视频数据可以通过帧间差分或者光流估计等方法提取图像帧。如图 3-24 所示为手机采集视频。

图 3-23　数码相机捕捉图像　　　　　　图 3-24　手机采集视频

3）红外 / 热红外捕捉

使用红外传感器或热红外相机来捕捉人眼无法看到的红外或热红外图像。这种技术在夜视、工业检测和安防等领域具有重要应用。如图 3-25 所示为用热红外相机捕捉图像的效果。

4）3D 扫描

通过利用结构光、时间飞行（Time of Flight，TOF）或立体摄像机等技术，获取物体的三维形状和纹理信息。这种方式常用于建模、增强现实和虚拟现实等领域。

图 3-25　用热红外相机捕捉图像的效果

5）屏幕抓取

利用操作系统或软件提供的屏幕抓取功能，获取屏幕上的图像。例如，在 Windows 上可以使用 PrScrn 键或 Alt+PrScrn 键进行全屏或当前窗口的抓取。

6）从外部设备获取

使用扫描仪、数码相机、快拍仪等设备直接获取数字图像。

7）从网络或素材库获取

从互联网上的大图网、花瓣网、千图网等图片库中或者素材光盘中可以获取图像资源。如图 3-26 所示为大图网主页。

图 3-26　大图网主页

2. 图像采集工具

图像采集工具是指将模拟视频信号转换成数字信号的设备或软件，通常安装在计算机的扩展槽内或通过软件在计算机上运行。图像采集工具包含摄像头、数码相机、摄像机、扫描仪、抓图软件等，下面将分别进行介绍。

1）摄像头

摄像头包含数字摄像头、模拟摄像头、高清摄像头等，其主要功能是捕获静态或动态的图像和视频数据。一般应用在安全监控、视频会议、在线教学、直播等。如图 3-27 所示为摄像头。

图 3-27　摄像头

2）数码相机

数码相机是一种能够捕获、处理和存储数字图像的电子设备。它利用电子传感器（如CCD 或 CMOS）将光学影像转换成电子信号，再将这些信号转换成数字图像文件。如图3-28 所示为数码相机。

图 3-28　数码相机

3）摄像机

摄像机也称为录像机，是一种用于录制、传输和显示图像或视频信号的电子设备。它通常包含一个或多个镜头、图像传感器、图像处理电路以及存储或传输机制。如图 3-29所示为摄像机。

图 3-29　摄像机

4）扫描仪

扫描仪包含平板扫描仪、手持扫描仪、滚筒扫描仪等，其主要功能是将纸质文档、照片等转换为数字图像数据。一般应用于文档数字化、图像处理、OCR 识别等。如图 3-30所示为扫描仪。

图 3-30 扫描仪

5）抓图软件

抓图软件也可以用来进行图像采集操作，常用的软件包含静态型抓图软件、动态型抓图软件以及专用软件 3 种类型，下面将分别进行介绍。

● 静态型抓图软件：主要用来捕捉屏幕上的静态图像，常见的静态型抓图软件有 HyperSnap、红蜻蜓抓图精灵等。

● 动态型抓图软件：主要用来捕捉屏幕上的动态视频，常见的动态型抓图软件有 HyperCam、屏幕录像专家等。

● 专用软件：用来进行图像的捕捉与编辑，如 Snagit 软件是一款功能强大的屏幕捕获软件，支持屏幕、文本和视频的捕获、编辑与转换，如图 3-31 所示。

图 3-31 Snagit 软件界面

在图像采集过程中，需要根据具体需求和应用场景选择合适的方法和工具。同时，为了获得高质量的图像数据，还需要注意分辨率、曝光、对比度等因素的调节。

子任务 3.2.2 常用的图像处理技术详解

图像处理是对采集到的数字图像进行加工、分析和增强的过程。其主要目标包括提高图像质量、提取图像中的有用信息、实现图像的压缩和传输等。常用的图像处理技术包含图像增强、图像复原与重建等，如图 3-32 所示。

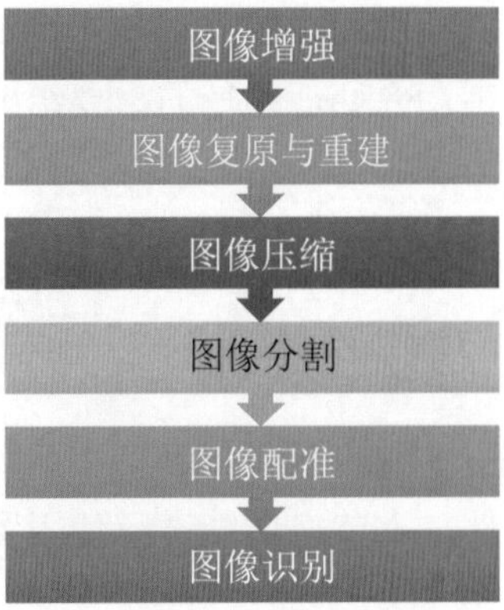

下面将对常用的图像处理技术分别进行介绍。

图 3-32 常用的图像处理技术

1. 图像增强

图像增强是指通过调节图像的对比度、亮度、清晰度等指标，增强图像的视觉质量，使其更适合人眼观察或机器分析。其关键技术在于不涉及图像降质的原因，通过强化图像中的高频分量来使物体轮廓清晰，细节明显；或者强化低频分量以减少噪声影响。一般应用在医学图像增强和锐化图像特征等场景，用于显示更清晰的组织结构，使图像更利于分析。

2. 图像复原与重建

图像复原与重建是指用于处理质量损坏的图像，通过估计丢失信息的方法对图像进行修复，以减少由于图像损坏造成的信息损失。其关键技术在于利用退化过程的先验知识，建立"降质模型"，再采用某种滤波方法恢复或重建原来的图像。一般应用于修复由于成像系统、传输介质和设备不完善导致的图像质量下降问题，如图像模糊、失真、有噪声等场景。

3. 图像压缩

图像压缩是指通过算法有选择地减少数据量来减小图像的文件大小，方便存储和传输。其关键技术在于图像编码压缩技术，如 JPEG 压缩分为颜色模式转换及采样、离散余弦变换（Discrete Cosine Transform，DCT）、量化和编码 4 个步骤。在使用图像压缩技术处理图像时，JPEG、TIFF 等图像格式的压缩标准是有损压缩标准，能够在一定质量条件下减少描述图像的数据量。

4. 图像分割

图像分割是指将图像划分为代表不同目标或特征的区域，方便后续分析。其关键技术在于根据灰度、彩色、空间纹理、几何形状等特征把图像划分成若干互不相交的区域，使这些特征在同一区域内表现出一致性或相似性，而在不同区域间表现出明显的不同。一般用于提取感兴趣的物体，这是图像分析的第一步，也是计算机视觉的基础和图像理解的重要组成部分。

5. 图像配准

图像配准是指将两幅或多幅图像对齐到一个坐标系下，利于对图像信息进行整合。该技术一般在医学影像分析中应用广泛，可以整合多幅图像的信息。

6. 图像识别

图像识别通过分类并提取重要特征而排除多余的信息来识别图像。该技术广泛应用于身份认证、监控安防等领域。

以上图像处理技术都在不同程度上提高了图像的视觉质量、可分析性和可用性，是数字图像处理领域的重要组成部分。

任务 3.3　图像编辑与修饰工具

图像编辑与修饰工具是一类专门用于对图片进行分析、修复、美化、合成等处理的软件。本节将详细讲解使用图像编辑软件来编辑与修饰图像的操作方法。

子任务 3.3.1　主流图像编辑软件介绍

在当今的数字时代，图像编辑软件已经成为摄影爱好者、设计师以及普通用户日常必备的工具之一。这些软件不仅提供了强大的图片处理功能，还极大地丰富了人们对于视觉艺术的创作和表达。目前，主流的图像编辑软件有 Photoshop、美图秀秀、Adobe Photoshop Elements、GIMP、Adobe Lightroom、Capture One 等，下面将分别进行介绍。

1.Photoshop

Photoshop 是图像编辑和设计的行业标准工具。它提供了广泛的专业级工具和功能，包括图层编辑、图像修复、颜色调整、滤镜效果等。它还支持广泛的文件格式，并与 Adobe 的其他创意软件（如 Illustrator 和 InDesign）紧密集成。Photoshop 是摄影师、图形设计师、Web 开发人员和任何需要高级图像编辑功能的人员的首选工具，如图 3-33 所示。

图 3-33　Photoshop 软件界面

Photoshop 软件具有 3 种常用功能。

- 主要功能：提供了丰富的图像编辑工具，如裁剪、调整图像大小、旋转、翻转、修复划痕和瑕疵等。用户可以轻松地调整图像的亮度、对比度、饱和度以及色相等参数，以获得更好的效果。
- 高级功能：包括强大的修饰工具，如修复画笔、光斑滤镜、仿真效果等，用于消除图像中的不良元素，提升图像的质量和美观度。
- 图层功能：允许用户将多个图像放在不同的图层上，并在编辑过程中对它们进行调整和合成。

2. 美图秀秀

美图秀秀是由厦门美图科技有限公司开发的一款图片处理软件，自 2008 年推出以来，已经成为全球范围内非常受欢迎的图像编辑工具。与专业的 Adobe Photoshop 相比，美图秀秀更加容易上手，用户几乎不需要经过专门的学习就能快速掌握其功能。

美图秀秀提供了丰富的图片特效、美容修图、拼图组合、场景模板、边框装饰以及各种饰品素材等。这些功能使得用户可以在 1 分钟内轻松制作出高质量的图片，满足日常的美化需求。美图秀秀不仅提供基础的图片美化工具，还支持人像美容、添加文字、抠图、批量处理图片大小、证件照换底色、图片压缩等实用功能。这些功能覆盖了从普通用户到专业设计者的不同需求，使其在多个领域中都能得到应用，如图 3-34 所示。

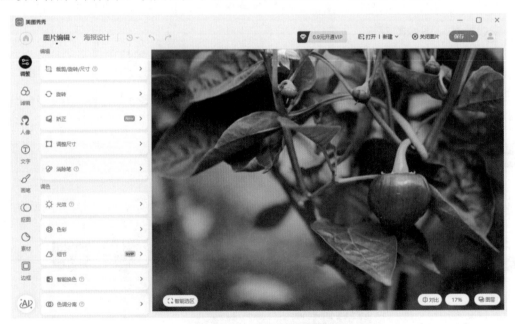

图 3-34　美图秀秀软件界面

3.Adobe Photoshop Elements

Photoshop Elements 是 Photoshop 的简化版本，专为摄影爱好者和家庭用户设计。它提供了易于使用的界面和一系列照片编辑和组织工具，如一键式修复、色彩调整、裁剪、红眼修复等。它还提供了简单的视频编辑功能和在线共享选项。

4.GIMP

GIMP 是一个免费且开源的图像编辑软件，功能强大，可以进行高度定制的图片编辑。它提供了多种图像编辑工具和插件支持，适用于不同的操作系统。虽然它的界面和操作习惯可能与 Photoshop 有所不同，但 GIMP 仍是一个强大的替代品，特别适合那些预算有限或喜欢开源软件的用户。

5.Adobe Lightroom

Lightroom 专注于照片管理和非破坏性编辑，特别受摄影师的喜爱。它提供了强大的 RAW 文件处理能力，使用户能够从拍摄到输出全过程控制照片的每一个细节。Lightroom 的界面相对简洁，易于上手，适合进行批量照片处理和调色。

6.Capture One

Capture One 是一款专为摄影师设计的专业图像编辑软件。它提供了出色的色彩管理和图像质量，以及一系列专业的照片编辑工具，如颜色调整、曲线工具、降噪等。Capture One 还支持多种相机品牌和文件格式，并提供了与照片库和资产管理软件的集成。

观看视频

子任务 3.3.2　图像的裁剪

图像裁剪的主要目的是去除图像中的多余部分，以突出主题或改变图像的构图。

实战操作：图像的裁剪。

（1）打开 Photoshop 2023 软件，在"欢迎使用 Photoshop"窗口中单击"打开"按钮，如图 3-35 所示。

（2）打开"打开"对话框，在"素材和效果\项目三\任务 3"文件夹中选择"红烧肉"图片，单击"打开"按钮，如图 3-36 所示。

图 3-35　单击"打开"按钮

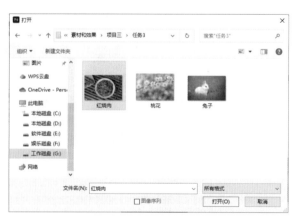

图 3-36　选择需要打开的图片

（3）打开选择的图片，效果如图 3-37 所示。

（4）在菜单栏中依次执行"图像"→"图像大小"命令，如图 3-38 所示。

图 3-37　打开图片

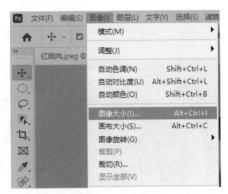

图 3-38　执行"图像大小"命令

（5）打开"图像大小"对话框，修改"宽度"为 3500 像素，单击"确定"按钮，如图 3-39 所示。

（6）调整图像显示大小的效果如图 3-40 所示。

图 3-39　修改参数值

图 3-40　调整图像显示大小

（7）在软件界面的图像窗口中，放大显示图像，然后在"工具箱"面板中单击"裁剪工具"按钮，如图 3-41 所示。

（8）在图像上显示裁剪框，拖动裁剪框上的控制点，调整裁剪框的大小，如图 3-42 所示。

图 3-41　单击"裁剪工具"按钮

图 3-42　调整裁剪框大小

（9）在裁剪框内双击鼠标左键，即可裁剪图像，效果如图 3-43 所示。

（10）执行"文件"→"存储为"命令，打开"存储为"对话框，更改文件名和保存路径，单击"保存"按钮，如图 3-44 所示，即可保存裁剪后的图像。

图 3-43 裁剪图像

图 3-44 调整裁剪框大小

观看视频

子任务 3.3.3 图像的颜色校正

图像的颜色校正是一个重要的图像处理步骤，旨在通过调整图像的色彩分布和颜色平衡，修复图像中的色偏、色温、对比度等问题，提升图像的视觉效果和色彩准确性，使其更加符合人眼的感知和真实场景的色彩。

实战操作：图像的颜色校正。

（1）打开 Photoshop 2023 软件，打开"素材和效果\项目三\任务 3"文件夹中的"兔子"图像文件，如图 3-45 所示。

（2）在菜单栏中执行"图像"→"调整"→"亮度/对比度"命令，如图 3-46 所示。

图 3-45 打开图像

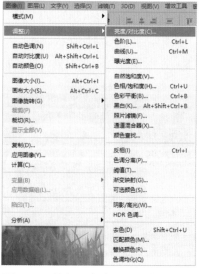

图 3-46 执行"亮度/对比度"命令

（3）打开"亮度 / 对比度"对话框，在对话框中修改"亮度"为 14，"对比度"为
15，如图 3-47 所示。

（4）单击"确定"按钮，即可完成图像的亮度和对比度调整，其效果如图 3-48 所示。

图 3-47　修改参数值　　　　　　　　　　图 3-48　调整图像亮度和对比度

（5）在菜单栏中执行"图像"→"调整"→"色相 / 饱和度"命令，打开"色相 /
饱和度"对话框，在"全图"模式下，修改"色相"为 23、"饱和度"为 18，如图 3-49
所示。

（6）在"绿色"模式下，修改"色相"为 22，如图 3-50 所示。

图 3-49　修改参数值　　　　　　　　　　图 3-50　修改参数值

（7）单击"确定"按钮，即可调整图像的色相和饱和度，其效果如图 3-51 所示。

（8）在菜单栏中执行"图像"→"调整"→"色彩平衡"命令，打开"色彩平衡"对
话框，修改"色阶"参数分别为 19、39 和 -30，如图 3-52 所示。

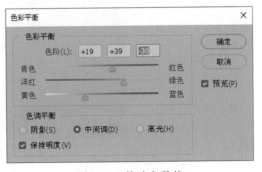

图 3-51　调整图像的色相和饱和度　　　　图 3-52　修改参数值

（9）单击"确定"按钮，即可调整图像的色彩平衡，其效果如图 3-53 所示。

（10）在菜单栏中执行"图像"→"调整"→"色阶"命令，打开"色阶"对话框，修改参数分别为 10、0.84 和 255，如图 3-54 所示。

图 3-53 调整图像的色彩平衡

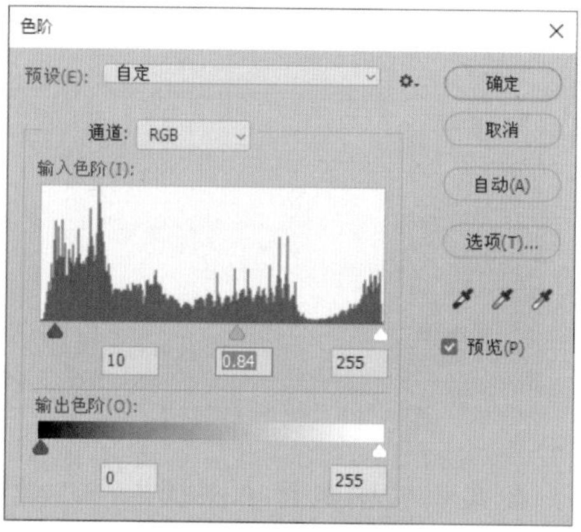

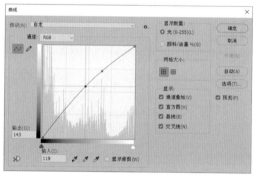

图 3-54 修改参数值

（11）单击"确定"按钮，即可调整图像的色阶，其效果如图 3-55 所示。

（12）在菜单栏中执行"图像"→"调整"→"曲线"命令，打开"曲线"对话框，修改各参数值，如图 3-56 所示。

图 3-55 调整图像色阶

图 3-56 修改参数值

（13）单击"确定"按钮，即可调整图像的曲线，得到最终图像效果，如图 3-57 所示。

图 3-57 调整图像曲线

子任务 3.3.4　图像的滤镜应用

观看视频

滤镜的应用会使图像产生各种特殊的效果，比如浮雕效果、球面化效果、光照效果、模糊效果和风吹效果等，可以为创作的设计作品增加更多丰富的视觉效果。

实战操作：图像的滤镜应用。

（1）打开 Photoshop 2023 软件，打开"素材和效果\项目三\任务 3"文件夹中的"桃花"图像文件，如图 3-58 所示。

（2）在"图层"面板中选择"背景"图层，按快捷键 Ctrl+J，即可复制图层，得到"图层 1"图层，如图 3-59 所示。

图 3-58　打开图像　　　　　　　　图 3-59　复制图层

（3）在菜单栏中执行"滤镜"→"锐化"→"USM 锐化"命令，如图 3-60 所示。

（4）打开"USM 锐化"对话框，修改"数量"为 89%，"半径"为 45.0，如图 3-61 所示。

图 3-60　执行"USM 锐化"命令　　　　图 3-61　修改参数值

（5）单击"确定"按钮，即可为图像应用"锐化"滤镜，其效果如图 3-62 所示。

（6）在菜单栏中执行"滤镜"→"渲染"→"镜头光晕"命令，如图 3-63 所示。

图 3-62　应用"锐化"滤镜

图 3-63　执行"镜头光晕"命令

（7）打开"镜头光晕"对话框，修改"亮度"参数值为 123%，在预览区中移动镜头光晕的位置，如图 3-64 所示。

（8）单击"确定"按钮，即可为图像添加"镜头光晕"滤镜，得到最终的图像效果，如图 3-65 所示。

图 3-64　修改参数值

图 3-65　最终的图像效果

子任务 3.3.5　图像的修饰与美化

图像的修饰与美化是图像处理中的一个重要环节，涉及对图像进行调整和优化，以改善其视觉效果或传达特定的信息。

实战操作：图像的修饰与美化。

（1）打开 Photoshop 2023 软件，打开"素材和效果\项目三\任务 3"文件夹中的"护肤品"图像文件，如图 3-66 所示。

（2）在"工具箱"面板中单击"污点修复画笔工具"按钮，如图 3-67 所示。

图 3-66　打开图像

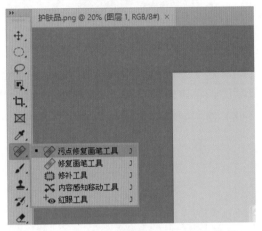

图 3-67　单击"污点修复画笔工具"按钮

（3）在工具选项栏中修改大小、硬度等参数，如图 3-68 所示。

（4）当鼠标指针呈黑色圆形形状时，在需要进行污点修复的地方，按住鼠标左键并拖曳，即可修饰图像，如图 3-69 所示。

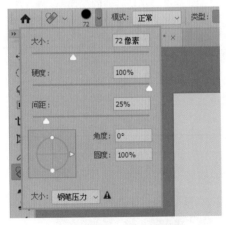

图 3-68　修改参数值

图 3-69　修饰图像

（5）使用同样的方法，依次对其他的图像进行污点修饰，如图 3-70 所示。

（6）在"工具箱"面板中单击"仿制图章工具"按钮，如图 3-71 所示。

图 3-70　对其他图像进行污点修饰

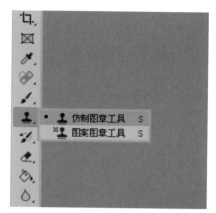

图 3-71　单击"仿制图章工具"按钮

（7）在工具选项栏中修改画笔大小，按住 Alt 键取样图像，然后当鼠标指针呈黑色圆形形状时，单击鼠标左键，即可修复图像，如图 3-72 所示。

（8）使用同样的方法，依次修复其他的图像，其效果如图 3-73 所示。

图 3-72　修复图像

图 3-73　修复其他的图像

（9）执行"滤镜"→"锐化"→"USM 锐化"命令，打开"USM 锐化"对话框，修改"数量"为 52%、"半径"为 8.2，如图 3-74 所示。

（10）单击"确定"按钮，即可锐化图像，如图 3-75 所示。

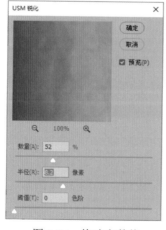

图 3-74　修改参数值

图 3-75　锐化图像

（11）在"工具箱"面板中单击"魔棒工具"按钮，在图像背景上，单击鼠标左键，即可选中背景，如图 3-76 所示。

（12）按 Delete 键，即可删除选中的背景，使用同样的方法，依次对背景进行删除，然后使用"橡皮擦工具"按钮擦除多余的边线，完成图像的抠取，如图 3-77 所示。

图 3-76　选中背景

图 3-77　抠取图像

（13）打开"素材和效果\项目三\任务 3"文件夹中的"背景"图像，如图 3-78 所示。

（14）将"护肤品"图像移动至"背景"图像窗口中，更换图像背景，如图 3-79 所示。

图 3-78　打开"背景"图像

图 3-79　更换图像背景

（15）在"工具箱"面板中单击"横排文字工具"按钮，在图像上创建文本，并修改其字体格式为"方正兰亭纤黑简体""38 点""蓝色（#276c99）"，其效果如图 3-80 所示。

（16）使用同样的方法，在图像上添加其他的文本，完成图像的美化操作，最终效果如图 3-81 所示。

图 3-80　添加文本

图 3-81　最终图像效果

任务 3.4　图像创意设计与应用

图像创意设计与应用涵盖了图形设计的各个方面，从创意原则到实际应用。本节将详细讲解图像创意设计与应用的相关知识，帮助读者快速上手图像的创意设计。

子任务 3.4.1　图像设计的创意思维与原则

在进行图像的创意设计时，要勇于打破常规，尝试从不同的角度和视角来观察和理解事物。其次，可以多观察生活中的细节，从中寻找灵感和启示。另外，也可以尝试结合多种设计元素和风格，进行混搭和融合，创造出独特而富有层次感的作品。同时，不断学习和提升自己的设计技能也是非常重要的，比如学习色彩搭配、构图技巧、字体设计等方面的知识。

在进行图像的创意设计之前，需要先了解图像设计的创意思维与原则，才能创造出更加出色的图像设计作品，下面将分别进行介绍。

1. 图像设计的创意思维

图像设计的创意思维是设计过程中至关重要的一环，它要求设计师在传统设计理念的基础上，结合现代审美和技术手段，创造出既新颖又具有视觉冲击力的设计作品。图像设计的创意思维主要分为集中思维、发散思维、横向思维、转移思维和反常思维 5 种类型，如图 3-82 所示，下面将分别进行介绍。

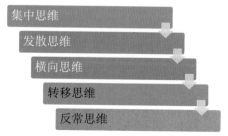

图 3-82　图像设计的创意思维

- 集中思维：该思维是设计师在进行创作时，将注意力集中在特定的设计元素或概念上，以达到最佳的视觉效果和传达效果。这种思维方式要求设计师具备高度的专注力和深入的思考能力，以便在设计过程中能够精确地把握设计的核心要素，从而创造出具有深度和内涵的设计作品。

- 发散思维：又称扩散思维，是一种开放且多元的思维方式，它鼓励设计师从多个角度和层面进行思考，以产生丰富多样的创意和解决方案。发散思维允许围绕一个问题向不同方向、角度全面扩散，其特点在于限定条件，而不限定结果，产生多个发散点，即创意点。
- 横向思维：是一种创造性思维模式，旨在打破传统逻辑局限，通过宽广的视角和偶然性概念来创造新的想法、观点和解决方案。横向思维在设计中尤为重要，因为它能够帮助设计师跳出常规思路，探索更多元化、创新的设计方法。
- 转移思维：是一种在设计过程中切换思考角度或方法的能力，它可以帮助设计师通过不同的视角来解决问题和创造新的视觉作品。这种思维方式要求设计师具备灵活多变的思维模式和丰富的想象力，以便能够在面对设计挑战时，从传统的思维框架中跳出来，找到新的解决路径。
- 反常思维：是一种突破传统、挑战常规的创意方法，它通过制造与现实相异而又具有视觉冲击力的图形，达到传达信息的目的。这种思维方式在设计中尤为重要，因为它能够帮助设计师跳出常规思路，探索更多元化、创新的设计方法。反常思维强调违背已知的规律和方法，大胆地跳出常规圈子，转换视角。它批判性地突破常规形象的平淡和组合的定势，从逆异于事物的原理、逆悖于事物起作用的方向或位置等角度来进行思考。

2. 图像设计的原则

在图像设计中，遵循一系列原则对于创造出既美观又具有功能性的作品至关重要。这些原则不仅可以帮助设计师构建出在视觉上吸引人的设计，还能确保信息的有效传达。图像设计有 7 大核心原则，如图 3-83 所示。

下面将对图像设计的各个原则进行详细介绍。

图 3-83　图像设计的原则

- 平衡：平衡是指图像设计中每个元素的视觉重量分布，赋予设计一种稳定感和坚固感。对称平衡通过在中心轴两侧以镜像模式排列元素来实现，给人一种正式的气氛。而不对称平衡则通过排列各种尺寸、形状和颜色的碎片来产生平衡感，创造活力和休闲的视觉设计效果。
- 对比：对比用来在图像设计元素之间创建视觉层次结构的差异程度，以传递重要信息并产生视觉吸引力和强调突出，包括形状对比、颜色对比、大小对比和纹理对比等多种形式。
- 强调：强调是使用户注意特定图像设计元素的方式之一，可以用来引起人们对图像设计中特定区域或特征的注意。这可以通过对比、邻近、重复、对齐和尺寸等多种方法来实现。

- 运动：运动是通过用户的眼睛产生视觉流动和方向，增加图像设计的趣味性和刺激性，吸引注意力，传递重要信息的关键设计原则。这可以通过使用对角线结构、重复某些元素、用对比和多样化的设计元素来产生运动等方法来实现。

- 图案：图案是一种图像视觉设计理念，指的是可以帮助创造平衡的形式、颜色或纹理等组件的重复，旨在增添趣味和动感，同时营造和谐一致的视觉设计效果，包括几何图案、自然特征和抽象图案等主要类型。

- 重复：重复是一种图像视觉设计方法，指的是重复使用形式、颜色或纹理等组件，赋予视觉设计趣味和动感，同时营造和谐一致的感觉。重复设计原则可以通过多种方式实现，如在整个设计中使用固定的调色板、使用统一的字体和布局、将相关部分组合成可重复使用的元素组件等。

- 统一：统一这个视觉设计原则涉及设计中有助于整体和谐感的重复元素，创造了一种平衡和秩序的视觉设计效果，并使画面设计更整体化。

掌握并运用这些图像设计原则，设计师可以创造出既美观又能有效传达信息的作品。

子任务 3.4.2　图像设计的流程与步骤

图像设计的流程与步骤是实现一个项目从概念到最终呈现的整个过程。这个过程不仅需要技术技能，还需要良好的规划和执行能力。本节将详细讲解图像设计的流程与步骤。

1. 需求分析

明确设计的需求和目标，了解项目的背景和目的，确定设计的风格和风格元素。同时，了解受众和市场需求，确保设计能够满足目标用户群体的需求和期望。

2. 素材采集

收集相关领域的素材和资料，包括图片、色彩、图案、字体等元素，为设计提供创意灵感。根据设计需求，拍摄自己的照片或从图库中购买专业的素材。

3. 构思与规划

明确设计的主题、风格、色彩搭配等要素。根据项目特点和目标用户，确定合适的构图和布局方式，确保整体视觉效果的和谐与统一。

4. 选择合适的软件和工具

根据项目需求和自身技能，选择最适合的设计软件，如 Adobe Photoshop、Illustrator、Sketch 等。

5. 设计细节和视觉效果

在设计过程中，关注细节和视觉效果，如颜色搭配、字体选择、图标设计等。充分利用软件功能，发挥创意，使设计作品具有较高的视觉冲击力和吸引力。

6. 输出和呈现

将设计好的作品进行输出和呈现，选择合适的输出格式（如 JPG、PNG 等），调整图片尺寸和分辨率。准备一份详细的设计说明，以便与客户或团队进行沟通和交流。

7. 反馈和调整

收集来自客户或团队的反馈意见，对设计作品进行评估。根据反馈进行相应的调整和优化，确保设计符合客户的期望和需求。

在整个图像设计流程中，每个步骤都至关重要，需要设计师充分发挥创意和专业技能，确保设计作品既满足客户需求，又具有较高的艺术价值。同时，设计师还需要不断学习和积累经验，提高自身的设计水平和创新能力。

子任务 3.4.3　图像创意的应用

图像创意的应用广泛且多样，涵盖多个领域。在不同领域中，图像创意的应用也不同。下面将对各个领域的图像创意应用进行讲述。

1. 广告设计中的应用

图像创意设计在广告中扮演着至关重要的角色，通过独特的图形设计吸引目标受众的注意力，传递产品信息或品牌理念。图像创意在广告设计中的应用是一种极富表现力和吸引力的方式。如图 3-84 所示为食品的创意广告。

图 3-84　食品的创意广告

下面将从以下几个方面来详细解析图像创意在广告设计中的应用。

1）作用与效果

● 精确传达广告主题：图像创意能够直观、生动地展现广告的主题和内容，使人们更易于接受和理解广告信息。

● 吸引注意力：通过独特的视觉效果和引人入胜的图形设计，图像创意能够迅速吸引目标受众的注意力，增加广告的曝光度和关注度。

● 引发心理反应：优秀的图像创意能够触动消费者的内心，引发共鸣和认同，从而增强广告的说服力和影响力。

2）表现方法

● 色彩运用：色彩是图形设计中不可或缺的元素，它能够直接影响受众的情绪和感受。通过合理的色彩搭配和运用，可以使广告更具吸引力和感染力。

● 构图设计：构图是图形设计的基础，它决定了广告的整体视觉效果和表现力。通过巧妙的构图设计，可以使广告更加突出主题、层次分明、画面协调。

● 创意元素：创意元素是图像创意的灵魂，它可以通过各种图形、符号、图像等元素来表达广告的主题和内涵。通过独特的创意元素设计，可以使广告更具个性和创意。

图像创意在广告设计中的应用具有重要的作用和效果，它不仅能够精确传达广告主题、吸引注意力、引发心理反应，还能够通过独特的创意元素和表现方法增强广告的吸引力和感染力。在实际应用中，我们需要结合广告的主题和目标受众的特点，灵活运用各种图形设计技巧和创意元素，打造出具有独特魅力和影响力的广告作品。

2. 网页设计中的应用

图像创意在网页设计中的应用，对于提升网页的艺术性、吸引力和用户体验具有至关重要的作用。如图3-85所示为某品牌面包的网页主页效果。

图3-85　某品牌面包的网页主页效果

图 3-85　续图

下面将从以下 3 方面来详细解析图像创意在网页设计中的应用。

1）提升网页设计的艺术性

- 视觉吸引力：图像创意能够通过独特的视觉效果吸引用户的眼球，使网页在众多竞争者中脱颖而出。例如，使用高质量的图片、创意的插画或动画效果，都可以为用户带来视觉上的享受，从而增加用户对网页的好感度和停留时间。
- 艺术性表达：图像创意能够将网页的主题、理念或品牌形象以艺术的形式展现出来，使网页更具艺术感。这种艺术性的表达不仅有助于提升网页的档次，还能够让用户更深入地理解和记住网页的内容。

2）增强网页信息的传达效率

- 直观性展示：图像创意能够直观地展示网页中的信息，使用户更快速、更准确地获取所需的内容。例如，通过图表、图标或示意图等方式展示数据或流程，能够使用户更直观地理解复杂的信息。
- 情感化连接：图像创意能够激发用户的情感共鸣，使用户与网页之间建立更紧密的联系。通过运用符合用户情感需求的图像元素，可以让用户更深入地感受到网页所要传达的情感和信息。

3）优化用户体验

- 响应式设计：利用图像创意实现响应式设计，可以使网页在不同设备和屏幕尺寸下都能保持良好的视觉效果和用户体验。例如，通过调整图像的大小、位置和排版方式等，使网页在不同设备上都能呈现出最佳的效果。
- 交互性增强：图像创意还可以与网页的交互功能相结合，为用户提供更丰富、更有趣的互动体验。例如，通过动画效果、按钮设计等元素增加网页的交互性，使用户在浏览网页的过程中能够享受到更多的乐趣和便利。

图像创意在网页设计中的应用具有多方面的优势，包括提升网页设计的艺术性、增强网页信息的传达效率以及优化用户体验等。为了实现这些优势，设计师需要注重图像创意的选择和运用，结合网页的主题、目标受众和品牌形象等因素进行综合考虑。同时，还需要不断学习和探索新的图像创意和设计技巧，以不断提升自己的设计水平和创新能力。

3. 多媒体制作中的应用

图像创意在多媒体制作中扮演着至关重要的角色。通过独特的视觉效果、直观的信息传递和深刻的情感连接，图像创意能够极大地提升多媒体内容的吸引力和影响力。

下面将从以下 3 方面来详细解析图像创意在多媒体制作中的应用。

1）图像创意在视频制作中的应用

- 封面与标题：使用醒目的图像和创意字体设计来吸引观众点击观看。
- 场景设计：通过创意的场景设计，如独特的角度、光影效果、颜色搭配等，来营造氛围，增强视频的观赏性。
- 动画元素：添加动态图像和动画效果，使视频内容更加丰富、生动。

如图 3-86 所示为图像创意制作的短视频效果。

图 3-86　图像创意制作的短视频效果

2）图像创意在动画中的应用

- 角色设计：通过创意的角色设计，如独特的形象、动作和表情，来增强动画的趣味性和吸引力。
- 场景构建：利用图像创意构建丰富多彩、富有想象力的动画场景。
- 特效添加：添加创意的特效元素，如光效、粒子效果等，来提升动画的视觉效果。

3）图像创意在互动界面设计中的应用

- 图标与按钮：使用简洁明了、富有创意的图标和按钮设计，提升用户界面的易用性和美观度。
- 背景与布局：通过创意的背景设计和布局安排，为用户带来全新的视觉体验。
- 动画与交互效果：添加动态图像和交互效果，如滑动、点击反馈等，增强用户界面的互动性和趣味性。

4. 包装设计的应用

图像创意在包装设计中的应用，不仅是为了美观，更是为了吸引消费者的注意力、传达产品的特点和信息，以及增强品牌的识别度。如图 3-87 所示为包装设计效果。

图 3-87　包装设计效果

下面将从 3 方面来详细解析图像创意在包装设计中的应用。

1）吸引注意力

● 醒目的图像：通过强烈的色彩对比、独特的图形设计或引人注目的图案，图像创意能够迅速吸引消费者的眼球。

● 独特的视觉风格：每个品牌都可以通过其独特的视觉风格来建立其包装设计，从而在货架上脱颖而出。

2）传达产品信息

● 直观的图形说明：通过插图、图案或符号，图像创意可以直观地传达产品的使用方法、功能或特点。

● 品牌故事的传达：包装设计中的图像可以讲述品牌的故事，增强消费者对品牌的认同感和忠诚度。

3）增强品牌识别度

● 一致性：图像创意在包装设计中的应用应保持一致性，以便消费者能够轻松识别品牌。

● 独特性：独特的图像设计有助于品牌在竞争激烈的市场中脱颖而出。

总结来说，图像创意在包装设计中的应用是多样化的，并且具有重要的作用。通过吸引注意力、传达产品信息、增强品牌识别度，图像创意能够提升包装设计的整体效果，使产品更加吸引人，并帮助品牌在市场中取得成功。

项目实训　制作旅游公众号首图

观看视频

旅游公众号首图是公众号中吸引读者关注和点击的重要组成部分。旅游公众号首图通常采用海报的形式，因为海报具有视觉冲击力强、信息传达直观的特点。在制作旅游公众号首图时，需要综合考虑设计类型、风格、尺寸、设计元素等多个方面。通过巧妙的设计和制作，可以使首图更具吸引力和视觉冲击力，从而吸引更多的读者关注和点击，如图 3-88 所示。

图 3-88　旅游公众号首图

下面将介绍制作旅游公众号首图的具体操作过程。

（1）打开 Photoshop 2023 软件，在"欢迎使用 Photoshop"窗口中单击"新建"按钮，打开"新建文档"对话框，修改各参数值，如图 3-89 所示，单击"确定"按钮，即可新建一个空白文档。

图 3-89　修改参数

（2）执行"文件"→"置入嵌入的对象"命令，打开"置入嵌入的对象"对话框，在对应的文件夹中选择"背景"图像，单击"置入"按钮，如图 3-90 所示。

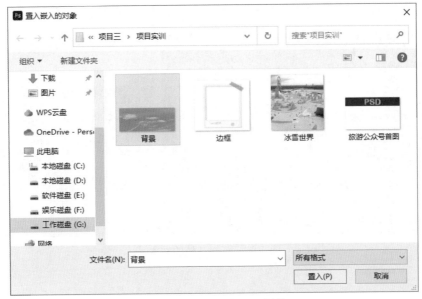

图 3-90　选择"背景"图像

（3）将选择的图像置入文档中，如图 3-91 所示。

（4）使用同样的方法，依次置入其他的图像，其效果如图 3-92 所示。

图 3-91　置入图像

图 3-92　置入其他的图像

（5）在"工具箱"面板中单击"矩形工具"按钮，在文档中绘制一个 W 为 302、H 为 32，"填充颜色"为"白色"的矩形，并对新绘制的矩形进行旋转操作，如图 3-93 所示。

（6）在"工具箱"面板中单击"横排文字工具"按钮，在文档中添加文本，修改其字体格式为"优设标题黑""14 点"和"蓝色（#022ea9）"，如图 3-94 所示。

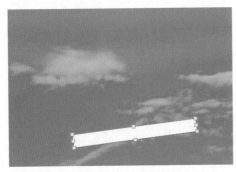

图 3-93　绘制并旋转矩形

图 3-94　添加文本

（7）使用同样的方法，依次添加其他的文本，达到最终的案例效果，如图 3-95 所示。

图 3-95　添加其他的文本

项目总结

本项目介绍了数字图像的基本概念、分类与核心术语，深入探讨了图像编辑与修饰的各种专业工具，并进一步指导了图像的创意设计与实际应用方法。通过本项目的学习，读者可以掌握如何灵活运用这些图像处理技能，不仅能够熟练操作图像编辑软件，还能自主设计具有吸引力的视觉内容，特别是在【项目实训】环节中，读者可以实践制作旅游公众号首图，从而全面提升数字图像处理能力，为实际工作和创意表达打下坚实基础。

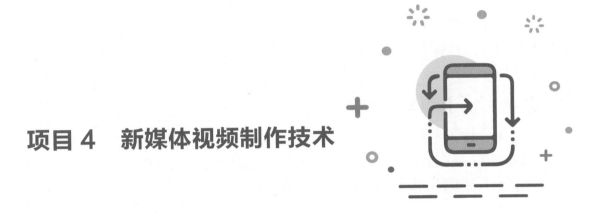

项目4　新媒体视频制作技术

　　新媒体视频制作技术融合了数字技术、互联网技术和信息技术，涵盖从视频素材的采集、编辑、后期制作到最终合成的全过程。本项目专注于深入讲解这一技术领域，内容全面覆盖视频拍摄、采集、编辑、合成以及输出与发布等关键环节。通过系统学习本项目，读者能够迅速掌握新媒体视频拍摄与制作的基础知识和基本技能，从而轻松制作出丰富多样的短视频内容。

本项目学习要点

- 掌握视频拍摄与采集技术
- 掌握视频编辑与合成技术
- 掌握视频输出与发布技术

任务 4.1　视频拍摄与采集技术

在新媒体视频制作中，前期素材的拍摄与采集是非常重要的一步。利用高清摄像机、无人机等设备，可以拍摄与采集到高质量的图像和视频素材。本节将详细讲解视频拍摄与采集技术的相关知识，以供读者熟悉并掌握。

子任务 4.1.1　拍摄设备介绍

在当前数字媒体高度发达的时代，短视频已经成为信息传播和社交分享的重要形式。优质的短视频作品不仅能够吸引观众的注意力，还能够有效传达信息和情感。因此，选择合适的拍摄设备对于制作出高质量的短视频至关重要。

1. 拍摄设备

拍摄设备的选择涉及专业度和预算，不同的团队规模和预算有不同的选择。下面分别从常见的手机和专业摄相机两种拍摄器材进行介绍，供读者参考。

1）手机

对于初学者或预算有限的创作者来说，智能手机是一个不错的起点。现代智能手机配备了高质量的摄像头，能够满足基本的拍摄需求。考虑到视频质量，应选择具有高分辨率摄像头、良好稳定性能（如光学防抖）和足够存储空间的手机，如图 4-1 所示。

图 4-1　手机

2）专业摄像机

如果预算允许，可以考虑投资一台专业摄像机。专业摄像机提供更高的图像质量，更多的手动控制选项，以及更好的低光表现。根据拍摄需求的不同，可以选择便携式摄像机、单反相机或无反相机。每种类型的摄像机都有其独特的优势和适用场景，如图 4-2 所示。

2. 稳定设备

在拍摄短视频时，要保持视频画面的稳定，就需要用到稳定设备进行固定。常见的稳定设备有三脚架、滑轨和手持云台等，下面将分别进行介绍。

图 4-2　摄像机

1）三脚架

三脚架是一种用于支撑和稳定摄影设备（如相机、摄像机、望远镜等）的支架。它通常由三个可调节长度的腿和一个可旋转的头部组成，能够确保设备在拍摄或观测时保持水平和稳定。三脚架在摄影、电影制作、天文观测等领域有广泛应用，如图 4-3 所示。

2）滑轨

拍摄静态的人或物时，借助滑轨移动拍摄可以实现动态的视频效果。同时，在拍摄外景时，借助轨道车拍摄，也可以使得拍摄画面平稳流畅，如图 4-4 所示。

图 4-3　三脚架　　　　　　　　　　图 4-4　滑轨

3）手持云台

手持云台是一种专为摄影设备（如手机、微单相机等）设计的稳定器，它通过内置的电机和传感器，自动调整角度和姿态，确保拍摄过程中的稳定性和流畅性。手持云台专为摄影师和摄像师设计，可以减少因手抖或其他外部因素引起的画面抖动，广泛应用于旅游、运动、短片、电影等场景，帮助摄影师实现更稳定、更平滑的画面效果，如图 4-5 所示。

图 4-5　手持云台

3. 补光设备

补光设备在视频拍摄中至关重要，其功能在于提升画面亮度，确保在暗光环境下也能捕捉到清晰明亮的影像。它不仅能增强色彩还原度，还能营造丰富的视觉效果，如侧光突出立体感，逆光营造梦幻氛围。使用时，需根据拍摄场景和主体调整光线强度、方向及色温，如室内拍摄可用柔光箱扩散光线，户外则可选便携 LED 灯灵活补光。同时，注意避免光线过硬造成阴影生硬，可通过反光板或遮光罩调节。合理运用补光设备，能显著提升视频质量，让作品更加专业、吸引人。

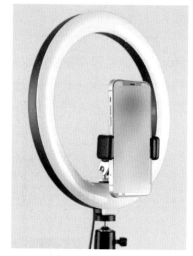

图 4-6　环形补光灯

环形补光灯通常呈圆形，中间为空心，可以方便地固定在拍摄设备的镜头周围。这种设计不仅提供了均匀的光线，减少了阴影的产生，还能在人物的眼神中形成漂亮的环形光斑，增加画面的吸引力和专业感，如图 4-6 所示。

除了环形补光灯，市场上还有多种其他类型的补光设备，如 LED 灯、冷光灯和闪光灯等。LED 灯因其节能和耐用特性而被广泛使用，它们通常可以提供柔和且连续的光线，适合长时间的拍摄工作。冷光灯则提供了接近自然光的效果，适合需要真实还原色彩的场合。闪光灯则常用于需要瞬间高亮度照明的情况，如夜间拍摄或室内光线极暗的环境。

子任务 4.1.2　拍摄基本技巧

在进行视频拍摄时，景别、场景选择、构图、光位、运镜等基本技巧是摄影师必须掌握的基础，它们能帮助你捕捉更具吸引力和表现力的画面。

1. 景别

景别是影视拍摄中非常重要的一个概念，它指的是由于摄影机与被摄体的距离不同，而造成被摄体在摄影机寻像器中所呈现出的范围大小的区别。不同的景别会产生不同的艺术效果，是摄影师用来讲故事、表达情感、传递信息的重要手段之一。景别拍摄技巧是摄影中非常重要的组成部分，它涉及如何在画面中合理安排和呈现不同距离和范围的景物。常见的景别包含远景、全景、中景、近景和特写，下面将分别进行介绍。

1）远景

远景是从较远的地方看人物或者景物，表现远离相机的环境全貌，通常视野开阔。远景拍摄的画面范围最大，通常包括被摄对象的全貌及其周围环境。远景主要用于展示宏大的场景、宽广的自然风光或交代事件发生的地理环境。远景拍摄能够给观众带来宽广的视野和深远的意境，使观众产生对环境的整体感知。

在拍摄远景视频时，人物或物体的画面占比小，需要重点突出环境或场景。远景常被用于介绍环境、场景，以及抒发情感，展现景色意境。如图 4-7 所示为远景拍摄的人物效果。

2）全景

全景类似于远景，也是在画面中呈现环境全貌，但全景画面中还会有人物的整个形貌，包括体型、衣着打扮等。全景拍摄常用于展示人物与环境的关系，以及人物在环境中的活动情况。在拍摄全景画面时，全景画面中要有明显的内容中心和结构主体。如图 4-8 所示为全景拍摄的人物和建筑效果。

图 4-7　远景画面　　　　　　　　　　图 4-8　全景画面

3）中景

中景一般会拍摄人物膝盖以上的部位，不同于远景，中景中的人物在画面中占比大，环境为次要元素。在进行中景拍摄时，人物成为画面的主体，可以展现更多的人物细节。中景常用于表现人物之间、人物与环境之间的关系，具有很强的叙事性。如图 4-9 所示为中景拍摄的人物效果。

4）近景

近景经常是拍摄到人物胸部以上，环境元素相比中景更为次要，着重表现人物表情，可以将人物内心活动等传递给读者。简练的构图和简洁的背景使得近景刻画人物性格非常有力。如图 4-10 所示为近景拍摄的人物效果。

5）特写

特写镜头画面处于人物肩部以上或者被拍摄对象的局部，特写镜头中的拍摄对象充满画面。特写拍摄的画面范围最小，通常只包括被摄对象的某个局部或细节。特写拍摄能够突出被摄对象的某一特征或细节，强调其质感和纹理，使观众产生强烈的视觉感受和情感共鸣。如图 4-11 所示为特写拍摄的人物效果。

图 4-9 中景画面

图 4-10 近景画面

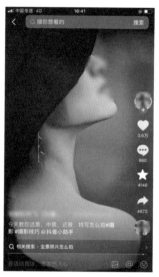

图 4-11 特写画面

2. 场景选择

视频拍摄的场景选择对于最终成片的氛围、情感和叙事效果具有至关重要的影响。在进行拍摄视频的场景选择时，需要注意以下问题。

1）主题与场景匹配

首先，确定视频的主题或内容，然后选择与主题相匹配的场景。例如，如果拍摄的是一部浪漫的爱情片，那么选择如海滨、花园或古老的城市街道等具有浪漫氛围的场景更为合适。考虑场景的光线、色彩、氛围等因素，确保它们能够增强视频的主题和情感表达。

2）多样性

在视频中引入不同的场景可以增加视觉上的多样性，使观众保持兴趣。尝试在不同的时间（如日出、日落、夜晚等）和天气条件下拍摄，以捕捉不同的光影效果和氛围。如图 4-12 所示为拍摄出的日出场景效果。

3）地点选择

如果要拍摄自然景观，则可以选择山川、湖泊、森林等场景，这类场景适用于展现大自然的美丽和宁静；如果要拍摄城市景观，则可以选择高楼大厦、街道、公园等场景，这类场景适用于展现城市的繁华和活力；如果要拍摄室内场景，则可以选择家庭、办公室、咖啡厅等场景，这类场景适用于展现人物关系和

图 4-12 拍摄出的日出场景效果

情感交流。如图 4-13 所示为拍摄出的湖泊场
景效果。

图 4-13 拍摄出的湖泊场景效果

4）安全性

在选择拍摄场景时，要确保场地安全，避
免潜在的危险因素。如果需要进入私人领地或
受限区域拍摄，务必获得相关许可和授权。

5）便利性

考虑场景的交通便利性和设备搬运的难易
程度，可以选择便于拍摄和后期制作的场景，以节省时间和成本。

6）创意性

不要拘泥于传统的场景选择，尝试寻找独特的、具有创意的场景来增强视频的吸引
力。可以结合故事情节和人物性格来创造独特的场景氛围。

7）预算限制

在选择场景时，要考虑预算限制。有些场景可能需要支付高额的场地费用或需要特殊
的设备和技术支持。在有限的预算内做出合理的选择，以实现最佳的拍摄效果。

8）法律和规定

在选择拍摄场景时，要遵守当地的法律和规定，避免侵犯他人的隐私或破坏公共财
产。如果需要拍摄涉及特殊场所或活动的视频，务必获得相关部门批准和许可。

总之，视频拍摄的场景选择是一个综合考虑多种因素的过程。通过精心选择场景，可
以为视频增添独特的魅力和吸引力，使观众沉浸其中并产生共鸣。

3.构图

在视频拍摄中，构图是一项至关重要的技术，它决定了观众如何感知和理解视频内
容。常见的视频拍摄构图方法有黄金分割法（九宫格构图）、对称构图、引导线构图、框
架式构图、S 形构图、对角线构图和中心法构图 7 种，下面将分别进行介绍。

1）黄金分割法（九宫格构图）

黄金分割法可以将画面分成 9 个等份的矩形网格，主体通常位于网格的交叉点或线
上，以获得最佳的视觉效果。该构图方法几乎适用于所有类型的视频拍摄，特别是需要突
出主体或引导观众视线的情况。例如，在拍摄人物时，可以将人物的眼睛置于交叉点上。
如图 4-14 所示为黄金分割法拍摄的蝴蝶。

2）对称构图

对称构图可以将画面按照中心线或中心点对称分布，给人一种稳定、平衡和有序的感
觉。该构图方法适用于拍摄建筑、自然景观等具有对称特性的物体，也常用于需要表现稳

定、庄重氛围的视频中。如图 4-15 所示为对称构图法拍摄的中式建筑。

图 4-14　黄金分割法拍摄的蝴蝶

图 4-15　对称构图法拍摄的中式建筑

3）引导线构图

引导线构图可以利用画面中的线条（如道路、河流、桥梁等）引导观众的视线，使画面更具动感和深度。该构图方法适用于拍摄大场景、远景或需要引导观众视线的视频。例如，在拍摄风景时，可以利用远处的山峦或道路作为引导线。如图 4-16 所示为引导线构图法拍摄的桥梁。

4）框架式构图

框架式构图可以利用画面中的框架（如门框、树枝等）将主体包围起来，形成一种窥视的效果，增加画面的层次感和神秘感。该构图方法适用于需要突出主体或增加画面深度感的视频。例如，在拍摄人物时，可以利用树枝或建筑框架将人物包围起来。如图 4-17 所示为框架式构图法拍摄的风景。

图 4-16　引导线构图法拍摄的桥梁

图 4-17　框架式构图法拍摄的风景

5）S 形构图

S 形构图可以将画面中的主体或线条呈 S 形分布，具有流动感和曲线美。该构图方法适用于拍摄河流、道路等具有曲线形状的场景，也常用于表现柔和、优雅的氛围。如

图 4-18 所示为 S 形构图法拍摄的草地。

图 4-18　S 形构图法拍摄的草地

6）对角线构图

对角线构图可以将主体或线条置于画面的对角线位置，使画面更具动感和活力。该构图方法适用于拍摄运动、速度感较强的视频，如赛车、滑雪等。如图 4-19 所示为对角线构图法拍摄的墙角落叶。

7）中心法构图

中心法构图可以将主体置于画面中心位置，具有严谨平衡、丰富表达的特点。该构图方法适用于需要突出主体或表现稳定、庄严氛围的视频。例如，在拍摄建筑或人物特写时。如图 4-20 所示为中心法构图拍摄的雪山。

图 4-19　对角线构图法拍摄的墙角落叶

图 4-20　中心法构图拍摄的雪山

在实际拍摄中，可以根据视频的主题、内容和情感表达需要，灵活运用以上构图方法，并结合拍摄角度、光线、色彩等因素进行创作。同时，也可以借鉴其他艺术作品中的构图技巧，以丰富自己的拍摄手法和表现力。

4. 光位

在视频拍摄中，光位指的是光源相对于拍摄对象和摄像机的位置。光位的选择对于拍摄效果有着至关重要的影响，它能够决定画面的明暗、对比度和质感。常见的视频拍摄光位有顺光、逆光、侧光、顶光和底光 5 种，下面将分别进行介绍。

1）顺光

顺光是最常见的光位，光线与拍摄方向相同。顺光拍摄可以记录主体的姿态和颜色，但可能缺乏层次感，光源位于摄像机与拍摄对象之间，光线直接照射在拍摄对象上。顺光可以确保拍摄对象受到均匀的光线照射，色彩还原度高，细节丰富，但也可能导致画面缺乏层次感，因为阴影较少或不明显。如图 4-21 所示为顺光拍摄的花朵。

2）逆光

逆光是从主体后方照射的光，可以在主体外部形成轮廓光。逆光拍摄时需要注意补光,避免主体曝光不足。逆光的光源位于拍摄对象的后方,与摄像机相对。逆光可以产生轮廓光,使拍摄对象的轮廓更加突出。同时,逆光下的光晕和光斑也可以为画面增添浪漫、梦幻的氛围。不过在进行逆光拍摄时,如果处理不当,可能会导致拍摄对象曝光不足,成为剪影效果。同时,逆光下的眩光也可能影响画面质量。如图 4-22 所示为逆光拍摄的花朵。

图 4-21　顺光拍摄的花朵　　　　　　　图 4-22　逆光拍摄的花朵

3)侧光

侧光是从主体侧面照射的光,可以显示主体的轮廓形状,具有丰富的光影效果。侧光拍摄的人物或景物具有很强的立体感。侧光的光源位于拍摄对象的侧面,与摄像机形成一定角度。侧光可以产生强烈的明暗对比,增强画面的立体感和层次感。同时,侧光下的阴影也可以作为构图元素,增强画面的艺术效果。但是如果处理不当,可能会导致部分区域曝光不足或过度曝光。如图 4-23 所示为侧光拍摄的植物。

4)顶光

顶光是从主体顶部照射的光,拍摄人物时可能会形成不自然的阴影。光源位于拍摄对象的上方,如正午的阳光。顶光可以提供均匀的光线照射,使拍摄对象整体明亮。在进行顶光拍摄时,顶光下的阴影可能过于明显,特别是拍摄人物时,可能形成“熊猫眼”或“鬼影”等不自然的阴影效果。如图 4-24 所示为顶光拍摄的花朵。

图 4-23　侧光拍摄的植物　　　　　　　图 4-24　顶光拍摄的花朵

5）底光

底光光源位于拍摄对象的下方，通常用于辅助照明或增强细节。底光可以为拍摄对象提供额外的光线，使画面更加明亮。同时，底光下的阴影也可以作为构图元素，增强画面的层次感。但是如果使用不当，底光可能会导致画面整体过于明亮，失去层次感。如图 4-25 所示为底光拍摄的花朵。

图 4-25　底光拍摄的花朵

在实际拍摄中，通常会根据拍摄需求和场景条件选择合适的光位组合。例如，在户外拍摄时，可以利用自然光进行顺光、侧光或逆光拍摄；在室内拍摄时，则可以通过布置灯光来实现不同的光位效果。此外，还可以使用反光板、遮光板等工具来调整光线，以获得更加理想的拍摄效果。

5. 运镜

视频拍摄运镜是指摄影师在拍摄过程中，通过移动摄像机、调整镜头焦距和角度等手段，使画面产生动态变化，增强画面的视觉效果和表现力。在进行视频拍摄时，常见的运镜效果有拉镜头、推镜头、横移镜头、环绕拍摄、跟随拍摄等 9 种，下面将分别进行介绍。

1）拉镜头

拉镜头是指视频拍摄时从近到远，也就是常说的后退拍摄，往后匀速移动镜头。拉镜头常用于场景切换，视频开头和结尾，可以展现更广阔的视野，将观众的注意力从特定细节转移到整体环境。如图 4-26 所示为拉镜头拍摄的人物背影。

图 4-26　拉镜头拍摄的人物背影

2）推镜头

推镜头是指视频拍摄时从远到近匀速推向被摄物。推镜头拍摄用于突出主体，有视觉聚焦的效果，可以放大人物动作，强调人物情绪，带领观众进入角色的内心世界。如图4-27所示为推镜头拍摄的城市。

图4-27 推镜头拍摄的城市

3）横移镜头

横移镜头的摄像头可以在水平方向左右运动，拍摄主体位置不变，但背景发生变化。横移镜头可以表现场景中的人与物、人与人、物与物之间的空间关系，或者是把一些事物连贯起来加以表现。横移镜头常用于视频的中间和宣传片中。如图4-28所示为横移镜头拍摄的古楼。

图4-28 横移镜头拍摄的古楼

4）环绕拍摄

环绕拍摄是指从人物背后环绕拍摄，可以展示人物衣着打扮与环境氛围的融合。环绕拍摄可以创造动感，增加观众对拍摄主体的关注度，同时展示拍摄环境与主体的关系。如图4-29所示为环绕运镜拍摄的雕像。

图4-29 环绕运镜拍摄的雕像

5）跟随拍摄

跟随拍摄是指摄像机跟着被摄主体一起运动，摄像机与被摄主体之间的距离相对固定。跟随拍摄可以产生跟随的效果，使观众有身临其境之感，特别适用于拍摄运动中的主体。

6）快速摇摄

快速摇摄可以快速地转变角度以跟随动作，或者对准两个相关主体。快速摇摄能够产生强烈的动感模糊，可用于表达或建立两个主体之间的紧密联系，增强场景的活力及韵律感。

7）倾斜

倾斜镜头的摄像机在固定位置上向上、向下旋转。倾斜镜头可以展现基于空间上下的关系，得到高大威猛或矮小脆弱的感觉，常用于展现人物角色、场景空间及规模。

8）弧形运镜

弧形运镜的摄像机在水平方向或垂直方向以圆弧状围绕主体进行拍摄。弧形运镜能够展现主体的更多细节和更全面的构成，同时赋予画面相当的活力，也可以为画面带来恐惧感。如图 4-30 所示为弧形运镜拍摄的布偶。

图 4-30 弧形运镜拍摄的布偶

9）平行跟拍

平行跟拍可以将摄像机平行于被摄主体而移动。平行跟拍能够产生巡视或展示的视觉效果，也可以直接调动观众生活中运动的视觉感受，使观众产生一种身临其境之感。

以上这些运镜技巧可以根据拍摄需要单独或结合使用，以创造出不同的视觉效果和叙述方式。同时，使用稳定器等辅助设备可以提高运镜的稳定性和流畅性。

子任务 4.1.3 视频格式与编码

视频格式与编码是视频制作和播放中不可或缺的两个概念。下面将对视频格式和视频编码分别进行详细介绍。

1. 视频格式

视频格式实质上是视频编码方式的一种外在体现，它可以分为适合本地播放的本地影像视频和适合在网络中播放的网络流媒体影像视频两大类。常见的视频格式有 MP4、

MKV、MOV、MPEG-2 和 MPEG-4 五种格式，下面将分别进行介绍。

1）MP4

MP4 视频文件封装格式基于 QuickTime 容器格式定义，是一个十分开放的容器。MP4 文件中的媒体描述与媒体数据是分开的，媒体数据的组织也很自由。MP4 目前被广泛用于封装 h.264 视频和 AAC 音频，是高清视频的代表。

2）MKV

MKV 被誉为万能封装器，有良好的兼容和跨平台性、纠错性，可带外挂字幕。MKV 文件仅仅是将其他视频流和声音、字幕等文件整合到一个 MKV 文件中，虽然在图像质量和压缩方面没有明显的优势，但 MKV 能够内置多条音轨和字幕。

3）MOV

MOV 是 Apple 公司开发的一种音频、视频文件格式，用于存储常用的数字媒体类型。MOV 是 QuickTime 的封装。

4）MPEG-2

MPEG-2 主要应用在 DVD/SVCD 的制作（压缩）方面，同时在一些 HDTV（High Definition Television，高清晰度电视）和一些高要求视频编辑、处理上也有应用。其文件扩展名包括 .mpg、.mpe、.mpeg、.m2v 及 DVD 光盘上的 .vob 文件等。

5）MPEG-4

MPEG-4 是为了播放流式媒体的高质量视频而专门设计的，它可利用很窄的带度，通过帧重建技术，压缩和传输数据，以求使用最少的数据获得最佳的图像质量。其文件扩展名包括 .asf、.mov 和 DivX、AVI 等。

2. 视频编码

视频编码方式是指通过压缩技术将原始视频格式的文件转换成另一种视频格式文件的方式。视频编码的主要目的是在保证一定视频清晰度的前提下缩小视频文件的存储空间。下面将详细介绍常见的视频编码标准。

1）H.261、H.263 和 H.264

H.261、H.263 和 H.264 是国际电联视频编码专家组制定的视频编码标准，其中 H.264 是目前最常用的标准之一。

2）MPEG 系列标准

MPEG 系列标准是国际标准化组织运动图像专家组制定的视频编码标准，包括 MPEG-1、MPEG-2、MPEG-4 等。

3）RealVideo

RealVideo 是 RealNetworks 公司开发的视频编码标准，广泛应用于网络视频传输。

4）WMV

WMV 是微软公司开发的视频编码标准，主要用于 Windows 平台上的视频传输和播放。

5）QuickTime

QuickTime 是 Apple 公司开发的视频编码标准，主要用于 Mac 平台上的视频传输和播放。

6）其他格式

还有一些其他的视频编码标准和技术，如 AVS3 音视频信源编码标准等。

视频格式是视频编码的外在体现，而视频编码则是实现视频格式转换的关键技术。不同的视频格式和编码标准具有不同的特点和应用场景，选择合适的视频格式和编码标准对于提高视频的质量和传输效率具有重要意义。

任务 4.2　视频编辑与合成技术

视频编辑是指使用专门的软件工具，对拍摄或录制的视频素材进行加工处理，以达到特定的艺术效果或信息传达目的的过程。而视频合成则是指将多个视频素材、图像、音频等元素进行有机融合，以创造出新的视频作品的过程。

子任务 4.2.1　认识视频编辑软件

视频编辑软件是用于对视频素材进行编辑、处理、合成和增强的工具。视频编辑软件种类繁多，功能各异，从入门级到专业级都有适合不同需求的软件可供选择。常见的视频编辑软件有 Adobe Premiere Pro、剪映、Final Cut Pro X、爱剪辑和会声会影等，下面将分别进行介绍。

1. Adobe Premiere Pro

Adobe Premiere Pro 是一款由 Adobe 公司开发的专业视频编辑软件，广泛应用于广告制作、电视节目制作以及个人视频创作等领域。Adobe Premiere Pro 具有以下功能，其软件界面如图 4-31 所示。

1）视频剪辑

Premiere Pro 提供了强大的视频剪辑功能，包括导入、预览、裁剪、拼接、调整、分层、分组、嵌套、同步等操作。用户可以在时间线上进行各种复杂的剪辑操作，实现精确的编辑效果。

2）视频特效

软件内置了丰富的视频特效功能，如转场、滤镜、叠加、运动、变形、遮罩、调色

图 4-31　Adobe Premiere Pro 软件界面

等。用户可以通过效果控件面板和效果面板进行特效的添加、调整、删除等操作，为视频增添各种视觉效果。

3）音频编辑

Premiere Pro 同样支持音频的编辑和处理，包括导入、预览、裁剪、拼接、调整、分层、分组、嵌套、同步等操作。用户还可以利用音频特效功能对音频进行均衡、压缩、限制、噪声消除等处理，提升音频质量。

4）字幕添加

软件支持字幕的添加和编辑，用户可以轻松地为视频添加字幕，并调整字幕的样式、位置、动画效果等。

5）团队协作

Premiere Pro 支持团队协作功能，允许多个用户同时在线编辑和评论项目，提高团队协作效率。

2. 剪映

剪映是一款全能易用的桌面端剪辑软件，旨在简化视频创作过程。随着数字内容创作的日益普及，视频编辑软件成为许多人表达创意、分享故事的重要工具。剪映不仅提供了专业版，还有移动端和网页版，可以满足不同用户的需求。如图 4-32 所示为剪映 App 界面。

剪映的主要功能如下。

● 切割：快速自由分割视频，一键剪切。

● 变速：支持 0.2 ～ 4 倍的变速调节。

图 4-32 剪映 App 界面

- 倒放：实现时间倒流效果。
- 画布：多种比例和颜色随心切换。
- 转场：支持多种转场效果，如交叉互溶、闪黑、擦除等。
- 贴纸：提供独家设计手绘贴纸。
- 字体：有多种风格字体可选，用于字幕和标题。
- 曲库：拥有海量音乐曲库，包括独家抖音歌曲。
- 变声：支持多种变声效果，如萝莉、大叔、怪物等。
- 滤镜：提供多种高级专业的风格滤镜。
- 美颜：智能识别脸型，定制独家专属美颜方案。

3.Final Cut Pro X

Final Cut Pro X 是一款功能强大的视频剪辑软件，广泛应用于电影制作、电视节目制作、广告制作和个人创作等领域。Final Cut Pro X 凭借其强大的视频编辑功能、高分辨率支持、特色技术和优化的操作体验，成为视频剪辑领域的佼佼者，为专业人士和爱好者提供了出色的视频创作体验。如图 4-33 所示为 Final Cut Pro X 软件界面。

Final Cut Pro X 的主要功能如下。

1）视频编辑

- 提供全面的视频编辑功能，包括片段剪辑、合并、分割、复制、删除等常见操作。
- 创新的 Magnetic Timeline（磁性时间线）功能使多条剪辑片段如磁铁般吸合在一起，自动避免剪辑冲突和同步问题。
- Clip Connections 功能可将 B 卷、音效和音乐等元素与主要视频片段链接在一起，便于统一编辑。

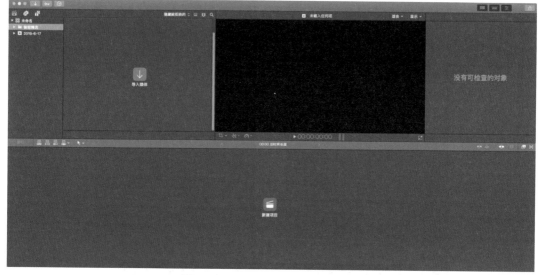

图 4-33　Final Cut Pro X 软件界面

- Compound Clips 功能可将一系列复杂元素规整折叠为单一剪辑片段，简化 Timeline 并便于移动或复制。

2）音频处理

- 支持多轨道音频编辑，包括音频剪辑、混音、音频效果添加等。
- 可以调整音频音量、消除噪声以及添加音乐等。

3）高分辨率支持

- 支持从标清到 5K 的各种分辨率视频，包括 4K 和 8K 视频。
- ColorSync 管理的色彩流水线可保证全片色彩的一致性。

4）特色功能

- 内容自动分析功能，在用户进行编辑的过程中，自动对素材进行分析并归类整理。
- RAW 文件支持，提供了对 RAW 素材的增强选项和更深入的控制。
- 内置多种视觉效果和动画工具，增强视频质量并添加创意元素。

4. 爱剪辑

爱剪辑是一款功能强大、操作简单、易于上手的视频剪辑软件，适合各种用户群体使用，无论是专业剪辑师还是视频爱好者，都能通过它实现自己的创意和想法。如图 4-34 所示为爱剪辑软件界面。

爱剪辑软件具有以下功能。

- 全能剪辑：支持多轨视频剪辑，包括视频轨、音频轨及素材轨多轨编辑，时间轴拉伸编辑等功能，实现精细剪辑。
- 丰富模板：提供 Vlog、潮流热门、微电影、旅游、美食、节日特辑等热门题材模板，方便用户快速制作视频。

图 4-34　爱剪辑软件界面

- 视频拼接：轻松合并多个视频片段，制作高质量的短视频。
- 动态字幕：支持多种动态字幕效果，提供丰富的字体样式和颜色选择，使视频更加独特。
- 曲线变速：可以调整视频的剪辑速度与节奏，实现加速的变声趣味或慢速的鬼畜片段。
- 配音配乐：内置多种音乐风格，支持浪漫、摇滚、嘻哈等多种音乐，并提供音效供用户选择。

5. 会声会影

会声会影是一款由加拿大 Corel 公司开发的视频编辑软件，以其简单易用、功能强大的特点而广受用户喜爱。如图 4-35 所示为会声会影软件界面。

会声会影具有以下功能。

1）视频剪辑

可导入和编辑多种视频格式，如 MP4、AVI、MOV 等。具有精确的视频剪辑功能，可以精确到帧的级别进行剪辑。支持多轨道编辑，允许用户同时处理视频、音频、图像和字幕等元素。

2）转场效果

内置丰富的转场效果，使不同视频片段之间的过渡更加自然和流畅。用户可以自定义转场效果，创建独特的视觉效果。

3）滤镜和特效

提供多种滤镜和特效，用于增强视频的色彩、对比度和饱和度等。支持动态特效，如动态模糊、光晕等，为视频添加更多动感。

图 4-35　会声会影软件界面

4）音频处理

支持音频的导入和编辑，可以调整音频的音量、淡入淡出等。内置音频滤镜，如降噪、回声等，用于提高音频质量。

5）标题和字幕

提供多种预设的标题和字幕样式，用户可以轻松添加文字说明或字幕。支持自定义字幕样式和动画效果。

6）媒体库管理

提供媒体库功能，方便用户组织和管理导入的素材。支持关键词搜索和分类管理，可以快速找到所需的素材。

7）输出与分享

支持多种视频格式的输出，满足不同平台的需求。可以直接分享到社交媒体平台，如YouTube、Facebook 等。

观看视频

子任务 4.2.2　剪辑与拼接技术

使用剪辑和拼接功能可以先将视频素材进行剪辑操作，然后将多个视频片段按照一定的顺序和方式组合成一个完整的视频。

实战操作：剪辑与拼接视频。

（1）启动 Premiere Pro 2023 软件，在菜单栏中执行"文件"→"新建"→"项目"命令，如图 4-36 所示。

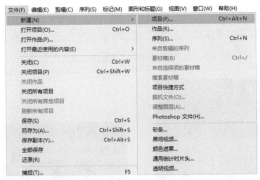

图 4-36　执行"项目"命令

（2）进入"导入"界面，设置好文件名和保存路径，然后单击"创建"按钮，如图 4-37 所示。

图 4-37　设置好文件名和保存路径

（3）新建项目文件，然后在"项目"面板中右击，在弹出的快捷菜单中选择"导入"命令，如图 4-38 所示。

（4）打开"导入"对话框，在"素材和效果\项目 4\任务 2"文件夹中选择"花朵1"～"花朵 3"视频素材，单击"打开"按钮，如图 4-39 所示。

图 4-38　选择"导入"命令

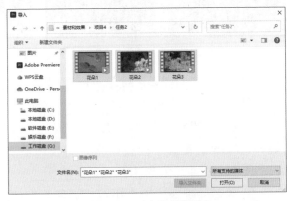

图 4-39　选择视频素材

（5）导入选择的视频素材，并在"项目"面板中显示，如图 4-40 所示。

（6）选择"项目"面板中的"花朵 1"视频素材，按住鼠标左键并拖曳，将其添加至"时间轴"面板的"视频 1"轨道上，如图 4-41 所示。

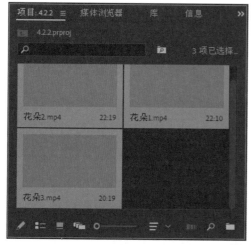

图 4-40　导入视频素材

图 4-41　拖曳视频素材

（7）将时间线移至 7 秒 21 帧的位置，在"工具"面板中单击"剃刀工具"按钮，如图 4-42 所示。

（8）当鼠标指针呈剃刀形状时，在时间线位置处单击，即可分割视频素材，如图 4-43 所示。

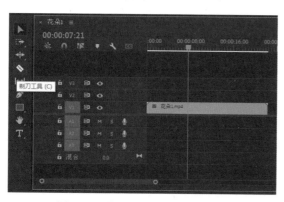

图 4-42　单击"剃刀工具"按钮

图 4-43　分割视频素材

（9）选择最右侧的视频，按 Delete 键删除，如图 4-44 所示。

（10）在"项目"面板中双击"花朵 2"视频素材，在"源监视器"面板中将时间线移至 4 秒 3 帧的位置，单击"标记入点"按钮，标记入点，如图 4-45 所示。

（11）在"源监视器"面板中将时间线移至 9 秒 12 帧的位置，单击"标记出点"按钮，标记出点，如图 4-46 所示。

（12）在"源监视器"面板中单击"插入"按钮，即可在指定的时间线位置处插入素材，完成视频素材的拼接，如图 4-47 所示。

图 4-44　删除视频素材

图 4-45　标记入点

图 4-46　标记出点

图 4-47　拼接素材

（13）在"项目"面板中双击"花朵 3"视频素材，在"源监视器"面板中将时间线移至 9 秒 9 帧的位置，单击"标记入点"按钮，标记入点，如图 4-48 所示。

（14）在"源监视器"面板中将时间线移至 15 秒 8 帧的位置，单击"标记出点"按钮，标记出点，如图 4-49 所示。

图 4-48　标记入点

图 4-49　标记出点

（15）在"源监视器"面板中单击"插入"按钮，即可在指定的时间线位置处插入素材，完成视频素材的拼接，如图 4-50 所示。

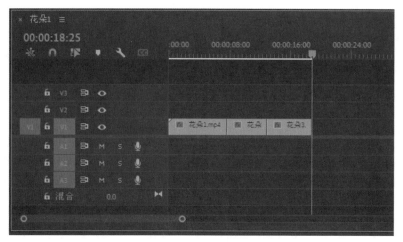

图 4-50　拼接视频素材

子任务 4.2.3　添加转场效果

短视频的片段与片段之间往往会有一个合适的转场。这个转场的作用在于衔接前后两个片段，让观众在视觉效果上，可以从上一个片段流畅而自然地进入下一个片段。而前后片段间衔接的不同效果称为转场效果。

实战操作：添加转场效果。

（1）新建一个名称为 4.2.3 的项目文件，然后在"项目"面板中导入"儿童 1"～"儿童 3"图像素材，如图 4-51 所示。

（2）在"项目"面板中依次将导入的图像按顺序拖曳至"时间轴"面板的"视频 1"轨道上，并自动创建序列文件，如图 4-52 所示。

图 4-51　导入素材

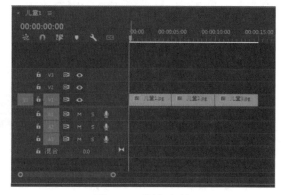

图 4-52　拖曳素材

（3）在"效果"面板中展开"视频过渡"→"划像"选项，然后选择"交叉划像"视频过渡效果，如图 4-53 所示。

（4）按住鼠标左键并拖曳，将选择的视频过渡效果添加至"视频 1"轨道上的"儿童 1"和"儿童 2"素材图像之间，如图 4-54 所示。

图 4-53　选择"交叉划像"视频过渡效果　　　　　　图 4-54　添加视频过渡效果

（5）选择"交叉划像"视频过渡效果，在"效果控件"面板中修改"持续时间"为 3 秒，如图 4-55 所示。

（6）继续在"效果控件"面板中修改"边框宽度"为 5，"边框颜色"为"白色"，如图 4-56 所示。

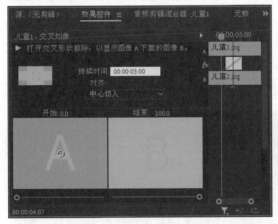

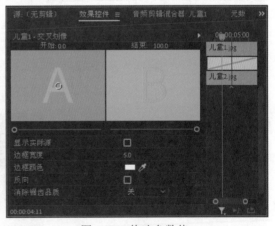

图 4-55　修改持续时间　　　　　　　　　　　　　图 4-56　修改参数值

（7）完成视频过渡效果的添加与编辑，在"节目监视器"面板中预览"交叉划像"转场效果，如图 4-57 所示。

（8）在"效果"面板中展开"视频过渡"→"溶解"选项，然后选择"交叉溶解"视频过渡效果，如图 4-58 所示。

（9）按住鼠标左键并拖曳，将选择的视频过渡效果添加至"视频 1"轨道上的"儿童 2"和"儿童 3"素材图像之间，如图 4-59 所示。

图 4-57　预览转场效果

图 4-58　选择"交叉溶解"视频过渡效果

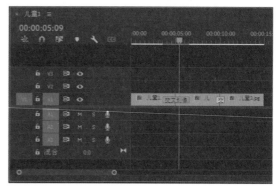

图 4-59　添加视频过渡效果

（10）在"交叉溶解"视频过渡效果上双击鼠标左键，打开"设置过渡持续时间"对话框，修改"持续时间"为 3 秒，如图 4-60 所示。

（11）单击"确定"按钮，即可设置视频过渡效果的持续时间，如图 4-61 所示。

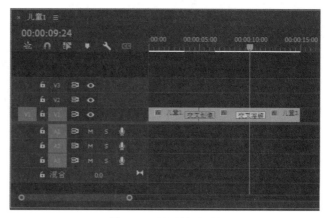

图 4-60　修改参数值

图 4-61　设置持续时间

（12）完成视频过渡效果的添加与编辑，在"节目监视器"面板中预览"交叉溶解"转场效果，如图 4-62 所示。

图 4-62　预览转场效果

观看视频

子任务 4.2.4　添加滤镜效果

在使用滤镜之前，我们要知道滤镜其实就是一种简单的为画面调色的方式。剪映 App 根据大众的审美以及流行趋势，在系统中预设了在不同情境下使用的滤镜，短视频创作者只需要根据自己所喜欢的滤镜进行选择即可。

实战操作：添加滤镜效果。

（1）打开剪映 App，点击"开始创作"按钮，如图 4-63 所示。

（2）在弹出的页面中勾选将要进行剪辑的视频素材（视频或照片），点击"添加"按钮，如图 4-64 所示。

图 4-63　点击"开始创作"按钮　　　　图 4-64　选择视频素材

（3）导入素材之后，自动进入剪映 App 的编辑界面，如图 4-65 所示。

（4）在一级工具栏中向左滑动，点击"滤镜"按钮，如图 4-66 所示。

图 4-65　导入素材

图 4-66　点击"滤镜"按钮

（5）进入"滤镜"工具栏，滑动工具栏，可以看到多样化风格的滤镜标签分类，要给风景视频素材添加滤镜，可以选择风景标签中的滤镜。例如，选择"绿妍"滤镜，当滤镜效果太强或太弱时，拖动小圆点调整滤镜强度，这里将滤镜强度设置为100，然后点击"√"，如图 4-67 所示。

（6）按住滤镜调节层，左右拖动调节滤镜应用视频范围，点击"返回"按钮，完成添加滤镜，如图 4-68 所示。

图 4-67　修改参数值

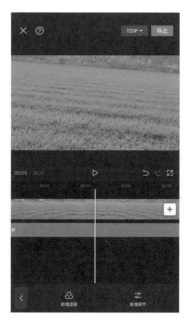

图 4-68　添加滤镜效果

子任务 4.2.5　制作画中画效果

画中画是剪映 App 中非常常用的一个功能，就是在原本的视频画面中插入另一个视频画面，使其形成同步播放的效果，最常用的就是分屏效果的制作。

实战操作：制作画中画效果。

（1）打开剪映 App，点击"开始创作"按钮，导入一段"运动 1"视频素材，如图 4-69 所示。

（2）在一级工具栏中点击"比例"按钮，如图 4-70 所示。

图 4-69　添加视频素材　　　　　图 4-70　点击"比例"按钮

（3）显示"比例"选项区，点击选择 9:16，点击"√"按钮，如图 4-71 所示。

（4）完成比例的调整，在一级工具栏中点击"画中画"按钮，如图 4-72 所示。

图 4-71　选择比例参数　　　　　图 4-72　点击"画中画"按钮

125

（5）在弹出的二级工具栏中点击"新增画中画"按钮，如图 4-73 所示。

（6）勾选需要的素材，点击"添加"按钮，如图 4-74 所示。

图 4-73　点击"新增画中画"按钮

图 4-74　选择视频素材

（7）双指缩放视频调整画面大小、位置，并调整素材长度，此时在时间轴上形成了两段素材并列的效果，如图 4-75 所示。

（8）重复步骤 4～步骤 7 的操作，再次添加一段素材，并调整位置，点击"返回"按钮，在时间轴上形成了三段素材并列的效果，用手按住调整每块分屏在画面上的占比，最终画面分屏效果如图 4-76 所示。

图 4-75　添加画中画效果

图 4-76　最终画面分屏效果

观看视频

子任务 4.2.6　色彩校正与调色

色彩校正与调色是视频编辑的一项非常重要的功能，在很大程度上能够决定作品的"好坏"。不同的颜色可以传达作品的主旨内涵。

实战效果：色彩校正与调色。

（1）新建一个名称为 4.2.6 的项目文件，然后在"项目"面板中导入"蝴蝶"视频素材，如图 4-77 所示。

（2）在"项目"面板中选择"蝴蝶"视频素材，将其拖曳至"时间轴"面板的"视频 1"轨道上，并自动创建序列文件，如图 4-78 所示。

图 4-77　导入"蝴蝶"素材

图 4-78　拖曳视频素材

（3）在"节目监视器"面板中调整视频的显示大小，其图像效果如图 4-79 所示。

（4）在"效果"面板中依次展开"视频效果"→"过时"选项，选择"RGB 颜色校正器"视频效果，如图 4-80 所示。

图 4-79　调整显示大小

图 4-80　选择视频效果

127

（5）在选择的视频效果上，按住鼠标左键并拖曳，将其添加至"视频1"轨道的"蝴蝶"素材上，选择"蝴蝶"素材，在"效果控件"面板的"RGB颜色校正器"选项区中修改"绿色灰度系数"为1.3，"绿色基值"为0，"绿色增益"为1.2，如图4-81所示。

（6）校正视频的RGB颜色，并在"节目监视器"面板中预览校正后的视频效果，如图4-82所示。

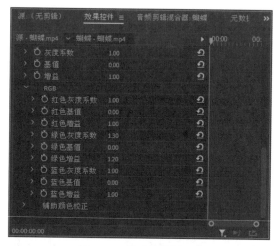

图4-81　修改参数值

图4-82　校正视频的RGB颜色

（7）在"效果"面板中依次展开"视频效果"→"颜色校正"选项，选择"颜色平衡"视频效果，如图4-83所示。

（8）在选择的视频效果上，按住鼠标左键并拖曳，将其添加至"视频1"轨道的"蝴蝶"素材上，选择"蝴蝶"素材，在"效果控件"面板的"颜色平衡"选项区中修改各参数值，如图4-84所示。

图4-83　选择视频效果

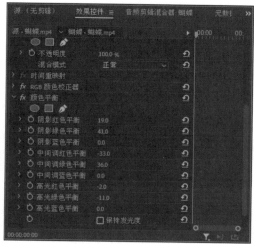

图4-84　修改各参数值

（9）校正视频的颜色平衡，并在"节目监视器"面板中预览调整后的效果，如图4-85所示。

图 4-85　校正视频的颜色平衡

观看视频

子任务 4.2.7　制作视频字幕

使用字幕效果可以在视频作品的开头部分起到制造悬念、引入主题、设立基调的作用，当然也可以用来显示作品的标题。在整个视频中，字幕在片段之间起到过渡作用，也可以用来介绍人物和场景。

实战操作：制作视频字幕。

（1）新建一个名称为 4.2.7 的项目文件，并在"项目"面板中导入"盘山公路"视频素材，如图 4-86 所示。

（2）在"项目"面板中选择"盘山公路"视频素材，将其拖曳至"时间轴"面板的"视频 1"轨道上，并自动创建序列文件，如图 4-87 所示。

图 4-86　导入视频

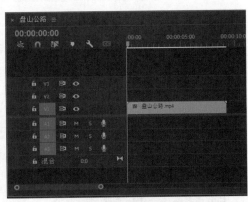

图 4-87　拖曳视频

（3）为视频添加"亮度校正器"视频效果，然后在"效果控件"面板的"亮度校正器"选项区中修改"亮度"为 14，"对比度"为 21，如图 4-88 所示。

（4）为视频添加"三向颜色校正器"视频效果，然后在"效果控件"面板的"三向颜色校正器"选项区中修改各参数值，如图 4-89 所示。

（5）为视频添加"亮度校正器"和"三向颜色校正器"视频效果，并在"节目监视器"面板中预览调整后的图像效果，如图 4-90 所示。

（6）在"工具"面板中单击"文字工具"按钮，在"节目监视器"面板中单击，显示文本输入框，输入文本，如图 4-91 所示。

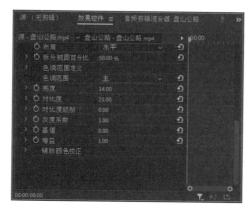

图 4-88　修改亮度与对比度

图 4-89　修改各参数值

图 4-90　预览图像效果

图 4-91　输入文本

（7）选择新添加的文本，在"效果控件"面板的"文本"选项区中修改"字体"为"长城特粗圆体"，"字号"为 136，勾选"填充"和"阴影"复选框，如图 4-92 所示。

（8）在"节目监视器"面板中将文本移动至合适的位置，得到最终的图像效果，如图 4-93 所示。

图 4-92　修改参数值

图 4-93　移动字幕位置

观看视频

子任务 4.2.8　添加背景音乐并踩点

在剪映 App 中，添加音乐的方式主要有 4 种：通过剪映平台的自带音乐库，按照推荐或者搜索进行添加；导入抖音视频中的音乐；提取视频中的音乐进行添加；导入本地音乐。

实战操作：添加背景音乐并踩点。

下面主要讲解第一种，通过剪映平台自带的音乐库添加音乐的操作步骤，并在添加音乐后，对音乐进行踩点操作。

（1）打开剪映 App，点击"开始创作"按钮，导入一段没有音乐的"花朵"视频，接着点击"音频"按钮，如图 4-94 所示。

（2）进入二级工具栏，点击"音乐"按钮，如图 4-95 所示。

 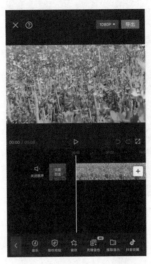

图 4-94　点击"音频"按钮　　图 4-95　点击"音乐"按钮

（3）进入剪映音乐库，可以选择剪映推荐的音乐，点击音乐进行试听后，如果对音乐满意就可点击"使用"按钮，如图 4-96 所示。

（4）按住所选音乐音频调整位置，拖曳音频两端修改起始时间，调整完成后，点击"返回"按钮◀，即可为视频成功添加音乐，如图 4-97 所示。

图 4-96　点击"使用"按钮　　图 4-97　添加音乐

（5）选择音频轨道上的音频，点击工具栏中的"节拍"按钮，如图 4-98 所示。

（6）在"节拍"页面中点击"自动踩点"开关，如图 4-99 所示。

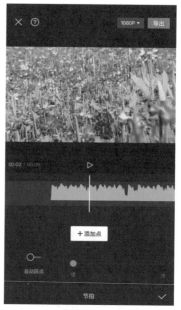

图 4-98　点击"节拍"按钮　　　　图 4-99　点击"自动踩点"开关

（7）开启"自动踩点"功能，然后拖曳滑块，调整节拍的快慢，如图 4-100 所示。

（8）这时音频轨道下面出现了一些节点，点击☑按钮确定，即可踩点音乐，如图 4-101所示。

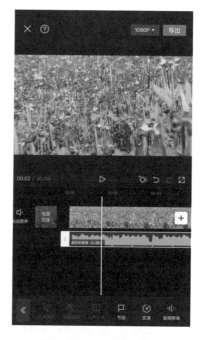

图 4-100　调整节拍的快慢　　　　图 4-101　踩点音乐

任务 4.3　视频输出与发布技术

在对新媒体短视频进行编辑与合成操作后，需要将短视频输出为 MP4、AVI 等视频格式，然后将视频发布到抖音、小红书、西瓜视频等短视频平台。本节将详细讲解视频输出与发布技术的具体操作。

观看视频

子任务 4.3.1　视频输出设置

在完成短视频的制作后，可以设置好视频的输出格式为 MP4，再设置分辨率等参数，最后对短视频进行输出操作。

实战操作：视频输出设置。

（1）新建一个名称为 4.3.1 的项目文件，并在"项目"面板中导入"菊花"视频素材，如图 4-102 所示。

（2）在"项目"面板中选择"菊花"视频素材，将其拖曳至"时间轴"面板的"视频 1"轨道上，并自动创建序列文件，如图 4-103 所示。

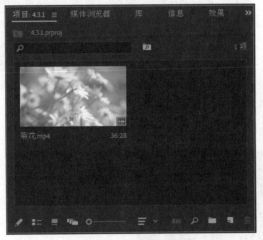

图 4-102　导入视频素材

图 4-103　拖曳视频素材

（3）在菜单栏中执行"文件"→"导出"→"媒体"命令，如图 4-104 所示。

（4）进入"导出"界面，依次设置好文件名、位置、预设和格式参数，如图 4-105所示。

（5）展开"视频"选项区，修改帧大小、帧率和长宽比参数，如图 4-106 所示。

（6）在"导出"界面的右下角，单击"导出"按钮，如图 4-107 所示。

（7）打开"编码 菊花"对话框，开始输出视频，并显示输出进度，如图 4-108 所示，稍后将完成视频的输出。

图 4-104　执行"媒体"命令

图 4-105　修改参数值

图 4-106　修改参数值

图 4-107　单击"导出"按钮

图 4-108　显示输出进度

子任务 4.3.2　视频输出压缩与优化

视频输出压缩与优化是一个涉及多个方面和步骤的过程，下面将对视频输出压缩与优化的过程进行详细介绍。

1. 视频输出压缩设置

视频输出压缩设置通常涉及分辨率、帧率和码率等参数和选项，以确保在保持视频质量的同时，尽可能减小文件大小。

- 分辨率和帧率：选择合适的分辨率和帧率是关键。分辨率通常有 720p、1080p 和 4K 等选项，而帧率则需要根据视频内容和目标观众来决定。
- 码率设置：码率直接影响视频质量和文件大小。高码率提供高画质，但文件较大；低码率适用于网络传输，但可能会牺牲部分画质。

2. 视频输出优化

1）选择适当的输出格式和编解码器

对于普通视频输出，H.264 是最常用的编解码器，配合适当的输出格式（如 MOV、MP4）可以确保广泛的兼容性。

2）调整其他设置选项

色彩空间和色彩深度可以影响视频的色彩表现，选择较大的色彩深度（如 10 位或 12 位）可以提供更鲜艳、更细腻的色彩效果。

音频设置也是不可忽视的部分，确保选择适当的音频格式、采样率和声道数等。

3）预览和测试

在导出视频之前，务必进行预览和测试。预览可以检查视频的画质、音质和整体效果，而测试播放可以确保视频在不同平台上的兼容性和效果。

4）保存自定义预设

如果经常需要使用相同的导出设置，可以保存自定义预设，以便在未来的项目中快速应用，节省时间。

总的来说，视频输出压缩与优化是一个综合性的过程，需要根据具体需求和目标观众来选择合适的压缩技术和设置。通过调整分辨率、帧率、码率等参数，并考虑色彩、音频等方面的设置，可以优化视频输出的质量和效果。同时，预览和测试是确保视频质量和兼容性的重要步骤。

子任务 4.3.3　网络视频导出与发布

观看视频

在输出短视频后，还可以将短视频发布到抖音、快手、小红书等平台。

下面将详细讲解在剪映 App 中网络视频导出与发布的具体操作步骤。

（1）在剪映 App 中完成短视频的制作后，点击界面右上角的"导出"按钮，如图 4-109 所示。

（2）开始导出视频，并进入"努力导出中"界面，显示视频导出进度，如图 4-110 所示。

（3）导出完成后，进入"完成"界面，点击"抖音"图标，如图 4-111 所示。

（4）进入抖音视频发布界面，在该界面中可以进行视频的编辑操作，然后点击"下一步"按钮，如图 4-112 所示。

（5）进入"发布"界面，添加话题和标题，然后点击界面右下角的"发布"按钮，如图 4-113 所示，即可开始发布网络视频。

图 4-109　点击"导出"按钮

图 4-110　显示导出进度

图 4-111　点击"抖音"图标

图 4-112　点击"下一步"按钮

图 4-113　点击"发布"按钮

观看视频

项目实训 1　使用剪映制作美食视频

　　剪映 App 的"剪同款"功能中拥有非常丰富的爆款短视频模板，创作者可以根据自己的创作需求、热度来选择喜欢的视频板块效果，一键套用模板。"剪同款"功能常用的视频模板类型主要包括卡点、日常碎片、萌娃、玩法、旅行、纪念日、美食、Vlog 等。"剪同款"功能的操作十分简单，创作者选好模板后，只需点击"剪同款"图标，上传对

应的照片 / 视频素材后即可一键生成爆款短视频。应用"剪同款"功能制作美食短视频的部分效果如图 4-114 所示。

图 4-114　美食短视频的部分效果

下面将介绍使用剪映 App 的"剪同款"功能制作美食视频的具体操作流程。

（1）打开剪映 App，点击"剪同款"按钮，如图 4-115 所示。

（2）进入"剪同款"界面，点击顶部搜索框，输入"运镜宣传打卡模板"，点击"搜索"按钮，如图 4-116 所示。

图 4-115　点击"剪同款"按钮

图 4-116　点击"搜索"按钮

（3）显示搜索结果，点击选择"酷炫变速质感模板"模板，如图 4-117 所示。

（4）进入模板后，能看到该模板的效果展示，点击"剪同款"按钮，如图 4-118 所示。

（5）进入素材选择界面，点击需要导入的素材，确认无误后，点击"下一步"按钮，此处导入 6 段图像素材，如图 4-119 所示。

（6）界面跳转后，可以看到导入的素材已经组合生成了酷炫运镜效果。此特效配合背景音乐卡点，十分适合产品展示或美食、美景展示。若不需要进行其他调整，则直接点击右上角的"导出"按钮导出视频即可，如图 4-120 所示。

图 4-117　选择运镜模板

图 4-118　点击"剪同款"按钮

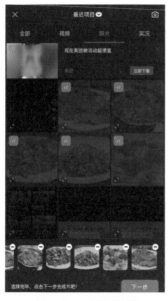

图 4-119　导入素材

图 4-120　制作视频

观看视频

项目实训 2　使用 Premiere 制作旅游视频

　　旅游视频是对旅游景点的地理风貌、人文风貌的展示和表现，通过影像的传播手段来提高旅游景点的知名度和曝光率，并通过行云流水的光影图像展现景点独特魅力，让旅游视频更具魅力。本例将讲解制作旅游视频的方法与步骤，最终视频的部分画面效果如图 4-121 所示。

图 4-121　旅游视频部分效果

下面将介绍使用 Premiere Pro 2023 软件制作旅游视频的具体操作流程。

（1）新建一个名称为"项目实训 2"的项目文件，然后执行"文件"→"新建"→"序列"命令，如图 4-122 所示。

（2）打开"新建序列"对话框，修改"序列名称"为"总序列"，在"序列预设"列表框中选择"宽屏 48kHz"选项，如图 4-123 所示。

图 4-122　执行"序列"命令

图 4-123　修改参数值

（3）切换至"设置"选项卡，修改"编辑模式"为"自定义"，"帧大小"为 1920 和 1080，如图 4-124 所示，单击"确定"按钮，即可创建序列文件。

（4）在"项目"面板的空白处双击鼠标左键，导入对应文件夹中的视频、图像和音频素材，如图 4-125 所示。

图 4-124　创建序列文件

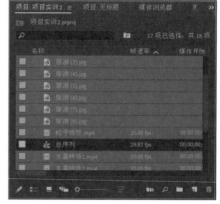

图 4-125　导入素材

（5）在"项目"面板中选择"旅游（1）"图像素材，将其拖曳至"时间轴"面板的"视频 1"轨道上，然后修改其持续时间为 1 秒 9 帧，如图 4-126 所示。

（6）在"项目"面板中选择"水墨转场 1"视频素材，将其拖曳至"时间轴"面板的"视频 2"轨道上，然后修改其持续时间为 1 秒 9 帧，如图 4-127 所示。

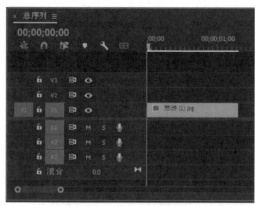

图 4-126　拖曳图像素材

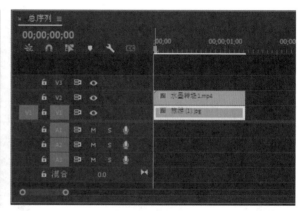

图 4-127　拖曳视频素材

（7）选择"水墨转场 1"视频素材，在"效果控件"面板中修改"混合模式"为"滤色"，如图 4-128 所示。

（8）更改视频的混合模式，并在"节目监视器"面板中预览混合模式效果，如图 4-129 所示。

140

图 4-128　修改混合模式

图 4-129　预览混合模式效果

（9）在"项目"面板中依次将"视频 1"和"旅游（2）"素材拖曳至"视频 1"和"视频 2"轨道上，修改其持续时间为 2 秒 15 帧，并分离"视频 1"素材中的视频和音频，删除音频，如图 4-130 所示。

（10）选择"旅游（2）"素材，在"效果控件"面板中更改"混合模式"为"滤色"，其更改后的图像效果如图 4-131 所示。

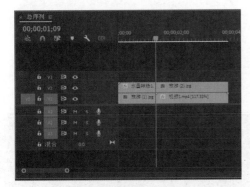

图 4-130　拖曳多个素材

图 4-131　预览混合模式效果

（11）在"项目"面板中依次将其他的视频和素材拖曳至"视频 1"和"视频 2"轨道上，修改其持续时间为 2 秒 17 帧、2 秒 17 帧、1 秒 11 帧、1 秒 7 帧、1 秒 13 帧、2 秒 2 帧和 2 秒 15 帧，分离视频素材中的视频和音频，删除音频，如图 4-132 所示，并依次修改"视频 2"轨道上各个图像和视频素材的"混合模式"为"滤色"。

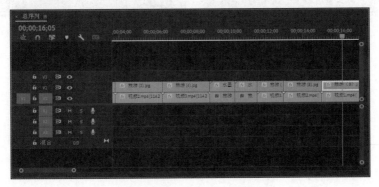

图 4-132　拖曳多个素材

141

（12）在"工具"面板中单击"文字工具"按钮，在"节目监视器"面板中单击，显示文本输入框，输入文本"水墨中国"，修改其字体格式为"思源黑体"，"字号"为165，"填充颜色"为"白色"，如图4-133所示。

（13）在"视频3"轨道上修改字幕文件的持续时间为2秒，如图4-134所示。

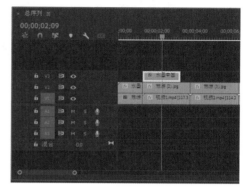

图4-133　输入文本　　　　　　　　　　图4-134　修改持续时间

（14）在"效果"面板中展开"视频过渡"→"擦除"选项，选择"油漆飞溅"视频过渡效果，将其拖曳至字幕图形的左右两侧，完成视频过渡效果的添加，如图4-135所示。

（15）使用同样的方法，依次为"视频1"和"视频2"轨道上的最后素材的末端添加"黑场过渡"视频过渡效果，如图4-136所示。

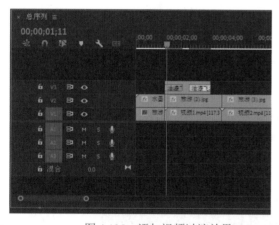
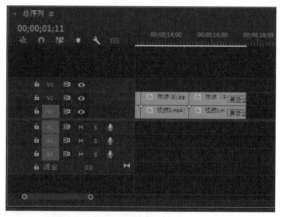

图4-135　添加视频过渡效果　　　　　　图4-136　添加视频过渡效果

（16）依次将时间线移至开始位置、10秒17帧的位置，将"粒子特效"视频两次拖曳至"视频4"轨道上，并调整其持续时间，如图4-137所示，然后修改"粒子特效"视频素材的"混合模式"为"滤色"。

（17）将"音乐"素材拖曳至"时间轴"面板的"音频1"轨道上，调整其持续时间，如图4-138所示。至此，整个案例效果制作完成。

图 4-137　拖曳视频素材

图 4-138　添加音乐

项目总结

　　本项目介绍了视频拍摄与采集技术，涵盖了新媒体视频拍摄的常用景别、构图、光位与运镜技巧；同时深入探讨了视频编辑与合成技术，包括视频制作的基础知识、拼接技术、转场与滤镜效果的应用、色彩校正与调色、画中画效果的实现、视频字幕的添加以及背景音乐的选择与踩点等关键技能；此外，还介绍了视频输出与发布的技术流程。通过本项目的学习，读者可以掌握从视频拍摄到后期制作，再到成品输出与发布的全方位技能，能够独立完成高质量的美食视频和旅游视频等多样化视频内容的创作，如使用剪映进行美食视频的快速编辑，以及利用 Premiere 进行旅游视频的专业制作。

项目 5　新媒体音频制作技术

　　音频处理是利用新媒体技术对音频进行深度分析、精细剪辑及创意特效添加的过程，其重要性随着耳机用户的激增而日益凸显，广泛应用于音乐创作、影视制作、有声读物等多个领域。这一过程不仅是高度技术性的，还要求制作者具备艺术感知与创新能力，需敏锐捕捉声音特质，发挥音效想象力，以打造触动心灵的音频作品。本项目专注于新媒体音频制作技术的全面解析，涵盖从音频设备选型、高效录音技巧、专业编辑处理到最终输出发布的全流程，旨在帮助读者迅速掌握新媒体音频制作的基础与精髓，快速产出多样化的高质量音频内容。

本项目学习要点

- 掌握音频设备与录音技巧
- 掌握音频编辑与处理软件
- 掌握音频输出与发布

任务 5.1　音频设备与录音技巧

随着多媒体内容的普及，高质量的音频录制成为制作优秀作品的关键因素之一。本节将详细讲解音频设备的选择、录音环境的布置、录音技巧的应用以及注意事项等内容，以帮助用户提升录音质量。

子任务 5.1.1　音频设备的选择与购买

选择高性能的录音设备是获得高质量声音的第一步。在选择和购买音频设备的过程中，用户需要综合考虑多个因素，如设备的音质、用途、预算和个人喜好。

1. 麦克风类型

麦克风类型的选择主要基于其工作原理、使用场合、性能参数等因素。常见的麦克风类型有电容麦克风、驻极体麦克风、动圈麦克风、带状麦克风和 USB 话筒麦克风，下面将分别进行介绍。

1）电容麦克风

电容麦克风具有灵敏度高、频响特性好、瞬态响应特性好等优点，其声音扰动能够改变金属膜板与背板的距离，引起膜板和背板间电容 C 的变化，电容器上存储的电荷 Q 也会随之变化，进而在电阻器上产生电压的变化，完成声音信号到电信号的转换。电容麦克风一般适合录音室录音、音乐制作等需要高音质的环境，如图 5-1 所示。

2）驻极体麦克风

驻极体麦克风具有灵敏度较高、无须额外供电、成本低等优点，类似于电容麦克风，但其金属隔膜是永久性的含电荷材料，因此在使用时不需要额外的偏置电源，被广泛应用于手持设备、电话听筒等低成本、小型化的场合，如图 5-2 所示。

图 5-1　电容麦克风　　　　　　　图 5-2　驻极体麦克风

3）动圈麦克风

动圈麦克风具有简单紧固、易于小型化、不需额外供电、不易过载（失真）等优点。该麦克风的声音扰动圆锥体在磁场中运动，通过电磁感应在线圈上产生电压的变化。动圈麦克风一般适合现场表演、演讲、采访等需要坚固耐用、不易受环境干扰的场合，如图5-3所示。

4）带状麦克风

带状麦克风具有音质效果好、双向响应效果好、瞬态响应好等优点。该麦克风的声音扰动磁场中的金属带，通过电磁感应在金属带两端产生电压变化。带状麦克风一般适用于专业录音室录音、乐器拾音等需要高音质、高灵敏度的场合。

5）USB话筒麦克风

USB话筒麦克风集成USB接口，可直接连接计算机使用，方便进行声音录制、网络通话等。USB话筒麦克风一般适合进行声音录制、网络会议、游戏语音等需要直接连接计算机的场合，如图5-4所示。

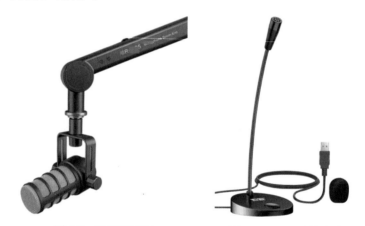

图5-3　动圈麦克风　　　　图5-4　USB话筒麦克风

在选择麦克风时，还需要考虑其指向性（如心形指向、全指向等）、阻抗、灵敏度等参数，以及实际使用场景和需求。例如，录音室录音可能需要高灵敏度和高频率响应的麦克风，而现场表演可能需要坚固耐用、不易受环境干扰的麦克风。

2.音频接口

音频接口是用于音频设备之间连接和传输音频信号的接口。下面将对各个音频接口的分类进行详细介绍。

1）模拟音频接口

模拟音频接口包含TRS接口、RCA接口和XLR接口，下面将分别进行介绍。

● TRS接口：TRS接口是一种常见的音频接口，广泛应用于耳机和麦克风等设备。它根据尺寸和环数的不同，分为2.5mm、3.5mm和6.3mm三种规格，其中3.5mm和6.3mm最为常见，如图5-5所示。

- RCA 接口：RCA 接口俗称莲花头，主要用于连接音频和视频设备，如 DVD 播放器、放大器等。RCA 接口采用同轴传输方式，每根线缆传输一个声道的音频信号，使用两根线缆可实现双声道立体声输出，如图 5-6 所示。

图 5-5　TRS 接口　　　　　　　　图 5-6　RCA 接口

- XLR 接口：XLR 接口也称为卡侬头，常用于专业音响设备和舞台照明系统。XLR 接口可以传输三芯或更多芯的平衡音频信号，可以有效减少干扰，保证信号的稳定性和清晰度，如图 5-7 所示。

图 5-7　XLR 接口

2）数字音频接口

数字音频接口包含 AES/EBU 接口、S/PDIF 接口、同轴接口和光纤接口（TOSLINK/Toshiba Link），下面将分别进行介绍。

- AES/EBU 接口：用于专业的 AD/DA 解码器或高端监听箱，支持平衡传输方式（如 XLR 接口）或非平衡传输方式（如 BNC 接口）。
- S/PDIF 接口：民用数字音频接口协议，每个接口可传输两信道的 PCM 数字音频信号。
- 同轴接口：采用 S/PDIF 协议，有 RCA 同轴接口和 BNC 同轴接口之分，常用于点歌机、电视及广播设备。
- 光纤接口（TOSLINK/Toshiba Link）：带宽高、信号衰减小，支持 PCM 数字音频信号、杜比及 DTS 音频信号，常用于机顶盒、声卡、数字电视、DVD 机等。

3）其他接口

其他常用的音频接口有 MIDI 接口、HDMI 接口和 Type-C 接口，下面将分别进行介绍。

- MIDI 接口：常用于连接录音设备和计算机，用于音乐创作和编曲等场景。
- HDMI 接口：高清多媒体接口，不仅传输音频信号，还能传输视频信号，常用于连接电视、投影仪等设备。

● Type-C 接口：一种多功能的 USB 接口，支持音频、视频、数据传输等功能，常见于现代智能手机和笔记本电脑。

4）平衡与非平衡接口

● 平衡接口：使用两个通道分别传送电压等大反向的信号，接收端将这两组信号相减，从而获得高质量的模拟信号。平衡接口抗干扰能力强，常见于专业音频设备。

● 非平衡接口：由信号线和地线组成，抗干扰能力较弱，常见于普通音频设备。

此外，在选择合适的音频接口时，需要考虑以下几个因素。

● 兼容性：确保所选接口与音频设备的其他部分兼容。

● 音质需求：对音质有较高要求的场合应优先考虑高质量的数字或平衡模拟接口。

● 成本预算：不同类型的接口价格不同，合理分配预算以符合实际需求。

总之，音频接口作为连接各种音频设备的关键组件，其选择和使用对整个音频系统的性能有着直接的影响。理解各类接口的特点和应用场景，能够帮助用户做出更合适的选择，优化音频系统的整体表现。

3. 录音设备预算考虑

录音设备的预算应根据个人或团队的实际需求和经济能力来确定。一般来说，入门级设备可以满足基本的录音需求，而专业级设备则能提供更高质量的录音效果。表 5-1 所示为录音设备的预算表。

表 5-1　录音设备的预算表

录音设备预算级别	可购买设备
入门级别	可以购买到性价比较高的 USB 麦克风或动圈麦克风、基本的录音软件和必要的配件
中端级别	可以购买到专业级的电容麦克风或更高级的 USB 话筒麦克风、外置声卡和更专业的录音软件
高端级别	可以购买到顶级的专业麦克风，如大品牌的电容麦克风或无线麦克风系统、高端声卡、专业录音棚设备和软件等

4. 品牌与型号推荐

不同品牌和型号的录音设备价格不同。知名品牌如科大讯飞、联想、纽曼等提供多种型号和价格的录音设备，下面将分别进行介绍。

1）科大讯飞

科大讯飞麦克风凭借其卓越的性能、先进的技术和丰富的应用场景，在市场上获得了良好的口碑。无论是 MC10 一体机的智能信息处理、C1 麦克风的高音质保障，还是免驱蓝牙一体机的便捷连接和高质量音频采集，都能满足用户的不同需求。同时，科大讯飞麦克风还具备视频会议功能，使得远程交流更加高效便捷。在选择科大讯飞麦克风时，建议根据个人需求和预算进行权衡，选择最适合自己的产品。如图 5-8 所示为科大讯飞系列的麦克风。

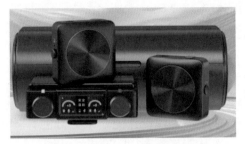

图 5-8　科大讯飞系列的麦克风

2）联想

联想麦克风多采用专业级的音频处理技术，确保音质清晰、纯净，无论是录音、直播还是 K 歌，都能提供出色的音频体验。例如，联想 UM10C Pro 系列麦克风采用 14mm 驻极体电容音头，内置心形拾音咪芯，高音明亮，低音浑厚，唱歌效果清晰细腻。

联想麦克风具备多种功能，以满足不同用户的需求，如实时耳返监听功能、干湿录模式、多种娱乐模式选择等。这些功能使得用户在使用时能够更加方便、灵活地调整音频效果，以获得更好的录音或直播体验。

联想麦克风兼容多种设备，如手机、计算机、平板电脑等，方便用户在不同场景下使用。例如，联想麦克风支持苹果和安卓手机系统，方便用户在不同设备上进行连接和操作。

因此，联想麦克风凭借其优异的音质、丰富的功能和精致的外观设计，在市场上获得了良好的口碑。无论是专业录音、直播还是 K 歌，联想麦克风都能提供出色的音频体验。同时，其强大的兼容性和多种型号选择，也满足了不同用户的需求。如图 5-9 所示为联想系列的麦克风。

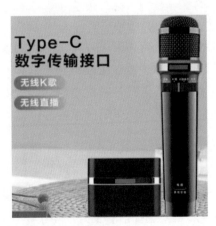

图 5-9　联想系列的麦克风

3）纽曼

纽曼麦克风支持多种连接主体，如手机、智能电视和笔记本电脑等，可以满足用户在不同场景下的需求。例如，纽曼 MC10 麦克风可以通过蓝牙技术与这些设备进行无线连接，为用户提供便捷的音频体验。

纽曼麦克风采用无线传输方式，避免了线缆的束缚和纠结，使用户在唱歌或演讲时更加自由。这种无线传输方式通常基于蓝牙技术，确保了稳定的连接和清晰的音频传输。

纽曼麦克风采用手持式设计，手柄处设有按键，方便用户对音效进行调控。这种设计不仅增加了使用的便捷性，还为用户带来了更加真实的演唱体验。部分纽曼麦克风具备双喇叭设计，如纽曼 MC10 麦克风，这种设计能带来更好的音效体验。如图 5-10 所示为纽曼系列的麦克风。

图 5-10　纽曼系列的麦克风

5. 购买渠道

录音设备的购买渠道多种多样，在购买录音设备时，用户可以根据自己的需求和预算选择合适的购买渠道。常见的购买渠道有电商平台、电子产品零售店、专业录音设备店、官方网站等，下面将分别进行介绍。

1）电商平台

电商平台是较为普遍的购买渠道，在京东、淘宝等电商平台提供了大量的录音设备供选择，包括各种品牌和型号。通过比较不同店铺和产品的价格，可以找到最具性价比的录音设备。而且电商平台经常会有各种优惠活动，如满减、折扣等，能够以更优惠的价格购买录音设备。电商平台还提供快速配送服务，可以尽快收到购买的录音设备。

2）电子产品零售店

在电子产品零售店购买录音设备，可以亲自试听和试用产品，确保选择最适合的录音设备。店员通常对录音设备有一定的了解，可以提供专业的购买建议。不过在电子产品零售店购买录音设备时，需要选择信誉良好的电子产品零售店，以避免购买到假冒伪劣产品。

3）专业录音设备店

专业录音设备店专注于销售高端专业录音设备，并提供相关的技术支持和售后服务。这些店铺通常拥有各种品牌和型号的录音设备，满足专业录音人员的需求。不过此类店铺可能价格稍高，但质量和专业性也更高。

4）官方网站

在购买录音设备时，还可以直接从品牌官方网站购买，确保购买到的是正品。官方网站通常提供详细的产品信息、用户评价和售后服务，可以帮助用户更好地了解产品。官方网站一般更适合专业录音人员或追求更高品质的用户。

5）二手平台（如闲鱼）

二手平台上的录音设备价格通常较低，适合预算有限的用户。在二手平台购买时需要特别小心，确保商品的质量和真伪，建议购买前与卖家充分沟通并查看实物照片。

子任务 5.1.2　设备设置与调试

音频设备的设置与调试是确保音质传输和输出达到最佳状态的关键步骤。正确地配置和调试可以显著提高声音质量，避免常见的音频问题，如回声、杂音等。

在进行音频设备的设置与调试时，可以从麦克风放置与指向、录音设备的设置、噪声抑制与增益控制 3 个方面进行设置，下面将分别进行介绍。

1. 麦克风放置与指向

1）麦克风放置

- 在放置麦克风时，要注意位置、距离和高度的设置，以确保最佳的录音效果。
- 位置选择：在室内，为避免声音的混响，可以选择在房间的中间位置放置麦克风。拍手是一个判断混响最弱的区域的好方法。无论是直播还是录音，都应避免将麦克风放置得太靠近墙壁，因为墙体会改变录制的声音。如果室内不是全封闭的，应尽可能远离玻璃，因为玻璃会产生大量的声音反射。
- 距离调整：麦克风与声源的距离应适中。一般来说，保持麦克风距离声源一厘米到两厘米（即一个手指宽度的距离）是比较合适的。在测试麦克风距离时，可以分别向上、中、下三个方向喷气，以覆盖发音中的爆破和出气情况，从而找到最佳距离。
- 高度设置：麦克风的高度应根据声源的高度来设定。如果只有一个声源，麦克风的高度应与声源一致。当有多个声源时，麦克风应选择平均高度放置。

2）麦克风指向

麦克风的指向性（也称为极性模式）是指麦克风对来自不同方向的声音的灵敏度。这决定了麦克风如何捕捉和记录声音，以及哪些声音会被强调或抑制。下面将介绍几种常见的麦克风指向类型。

- 全指向式：可以收录来自不同角度的声音，其灵敏度基本相同，适用于需要收录整个环境声音的录音工程，如演讲者的领夹式麦克风。
- 单一指向式：该类指向式包含心型指向、超心型指向和枪型指向 3 种。其中，心型指向对于来自麦克风前方的声音有最佳的收音效果，而来自其他方向的声音则会被衰减；超心型指向相比心型指向，抵消了更多来自麦克风侧面方向的声音，适用于室内乐的多轨录音和现场扩声；枪型指向的最佳收音角度为正前方的小范围锥形区域，主要用于户外收音，如新闻采访和影视外景拍摄。

- 双指向式：可接收来自麦克风前方和后方的声音，抵消了大部分来自90度侧面的声音，适用于立体声和环绕立体声录音制式。

3）注意事项

- 避免喷麦：确保麦克风不要直接对准说话者的嘴巴出气路径，以防喷麦现象影响声音效果。
- 角度调整：根据声源的位置和类型，适当调整麦克风与声源之间的角度，以达到最佳的收音效果。

麦克风的放置与指向是录音过程中不可忽视的环节。通过合理的位置选择和指向调整，可以显著提升录音的音质和效果。以上指南提供了基本的参考建议，但具体设置还需根据实际情况进行调整和优化。

2. 录音设备的设置

录音设备的设置通常涉及几个关键步骤，包括选择录音设备、调整录音设置、录制音频、保存与管理录音文件等，下面将分别进行介绍。

1）选择录音设备

- 启用录音设备：要确保系统已经安装了合适的录音设备，例如声卡。在 Windows 10 系统中，可以右击任务栏右下角的喇叭图标，展开列表框，选择"声音"命令，如图 5-11 所示，并确保你的声卡设备处于启用状态，即可启用录音设备。
- 设置默认录音设备：在"声音"对话框的"录制"选项卡中，选中声卡设备，然后单击"设为默认值"按钮，如图 5-12 所示，这样系统就会使用这个设备来录制声音。

图 5-11　选择"声音"命令

图 5-12　单击"设为默认值"按钮

2）调整录音设置

● 调整麦克风设置：如果使用"语音录音机"时，麦克风图标为灰色，意味着需要调整麦克风设置。可以通过在"设置"窗口选择"声音"选项，在"声音"界面中，单击"输入"选项区中的"设备属性"链接，如图 5-13 所示，进入"设备属性"界面，取消勾选"禁用"复选框即可，如图 5-14 所示。

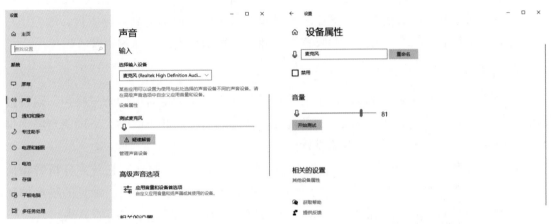

图 5-13 单击"设备属性"链接   图 5-14 取消勾选"禁用"复选框

● 选择录音模式：根据需要选择内录（仅计算机内部声音）、外录（通过麦克风录音）或内外混合录制。在声音设置中，可以选择立体声混音以实现内录，或者调整麦克风属性以启用侦听，从而实现内外混合录制。

3）录制音频

在调整好所有设置后，打开想要录制的音频或视频文件，然后在"录音机"窗口中单击"录制"按钮开始录制，如图 5-15 所示。在录制过程中，可以使用暂停功能来暂时停止录制，也可以插入标记，以便在后期编辑时快速定位到特定部分。

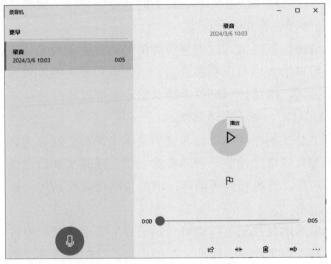

图 5-15 "录音机"对话框

4）保存与管理录音文件

完成录制后，"录音机"窗口通常会自动将音频文件保存在默认文件夹中。可以通过访问该文件夹来播放或移动这些录音文件。如果需要对录音进行后期处理，可以使用录音软件提供的编辑工具来剪辑、增加效果或调整音量等，以达到更好的音质和听感。

3. 噪声抑制与增益控制

噪声抑制与增益控制是音频处理中两种关键的技术，它们在提高音频质量、增强用户体验方面发挥着重要作用。下面将对噪声抑制和增益控制分别进行详细讲解。

1）噪声抑制

噪声抑制是一种音频处理技术，主要用于减少或消除音频信号中的背景噪声。这种技术通过识别并降低不需要的噪声成分，从而提高音频的清晰度和可听性。下面将对噪声抑制的工作原理、应用场景和注意事项进行介绍。

● 工作原理：噪声抑制技术通常基于信号处理和数字滤波原理。它首先分析音频信号中的噪声特性，然后应用适当的算法来减少或消除这些噪声。常见的噪声抑制算法包括 Google 开源框架 WebRTC 中的算法和开源项目 Speex 中的算法。

● 应用场景：噪声抑制技术在许多领域都有广泛应用，如电话通信、语音识别、音频录制和编辑等。在电话通信中，噪声抑制可以有效减少通话过程中的背景噪声，提高通话质量。在语音识别中，噪声抑制可以提高识别准确率。在音频录制和编辑中，噪声抑制可以帮助去除录音中的杂音，使音频更加纯净。

● 注意事项：虽然噪声抑制技术可以有效减少噪声，但过度使用可能会导致音频信号失真或音质下降。因此，在使用噪声抑制技术时需要根据实际情况进行调整和优化。

2）增益控制

增益控制是一种音频处理技术，用于调节音频信号的响度或幅度。通过调整增益控制，可以使音频信号在传输或播放时达到适当的音量水平。下面将对噪声抑制的工作原理、应用场景和注意事项进行介绍。

● 工作原理：增益控制通常通过调整音频信号的放大倍数来实现。当音频信号的幅度较小时，可以增加增益以提高音量；当音频信号的幅度较大时，可以降低增益以避免音量过大。增益控制可以手动调整，也可以通过自动增益控制（Automatic Gain Control，AGC）算法自动调整。

● 应用场景：增益控制在音频处理和音频设备中都有广泛应用。在音频录制和编辑中，增益控制可以帮助调整录音的音量水平，使其更加符合播放要求。在音频设备中，如扬声器、耳机和助听器等，增益控制可以帮助用户根据自己的需求调整音量大小。

● 注意事项：虽然增益控制可以调整音频信号的音量水平，但过度增加增益可能会导致音频失真或产生噪声。因此，在使用增益控制时需要注意保持适当的音量水平，避免过度放大音频信号。

噪声抑制和增益控制是音频处理中两种重要的技术。它们分别用于减少音频信号中的噪声和调节音频信号的音量水平，从而提高音频质量和用户体验。在实际应用中，需要根据具体情况选择适当的算法和参数设置，以达到最佳的处理效果。

子任务 5.1.3　录音技巧与注意事项

在进行音频录制前，掌握好录音设备的声音录制技巧和使用注意事项，可以提高录音质量并提升录音体验。下面将对录音技巧与注意事项分别进行介绍。

1. 录音技巧

录音技巧对于确保高质量的音频录制至关重要。下面将详细归纳一些关键的录音技巧进行介绍。

- 设备选择：选择合适的麦克风。对于一般用户，不需要购买价值上万的麦克风，但需确保接口清晰，减少噪声。录音软件要选质量较好的，以避免延迟问题。
- 麦克风放置：在录人声时，麦克风与嘴巴的距离建议为约 23cm 左右，这样可以避免录到呼吸声，同时保持声音清晰。准备一个防喷罩，用于过滤呼吸声和爆破音。
- 录音格式：推荐使用 WAV 或 AIFF 格式进行录音，以保留更多的原始音频频谱。避免使用 MP3 格式，因为它会损失一部分音频质量。使用 16 位和 44 100kHz 及以上数值的录音参数，以获取更好的录音质量。
- 录音电平控制：确保录音电平在绿色范围内，以避免音频失真或噪声过多。
- 音准保持：在录音时，注意保持音准，这依赖于良好的乐器品质、敏锐的听觉和精湛的技巧。
- 录制干声：录制干声（即无音乐伴奏纯人声或乐器声）可以在后期处理时更加灵活。
- 电量预估：在使用录音机时，预估电量是否足够，并在录制前更换电池或备好备用电池。

2. 注意事项

在录音时，还要注意以下事项，才能够更好地掌握录音的艺术，提高录音质量。

- 录音环境：选择一个安静、干净、舒适的场所进行录音，避免嘈杂和有回声的地方。关闭所有可能产生噪声的电子设备，如手机、电视和计算机等。
- 录音内容：录音的内容要真实、连贯，音质要清晰。避免擅自剪辑或截取录音资料，保持完整性。在录音取证时，要注意内容的明确性和合法性，避免使用非法手段获取录音证据。
- 检查与调整：在开始正式录音之前，检查设备是否正常工作，并调整合适的音量水平。录音后仔细检查每个片段是否满足要求，并及时纠正错误或瑕疵。
- 呼吸与姿势：注意呼吸顺畅，避免喘息等不必要的杂声。确保录音时麦克风有支

架而不是手持，以减少手部摩擦产生的噪声。

子任务 5.1.4　录音文件格式与采样率

录音文件格式与采样率是音频处理中两个重要的概念，它们对于音频的音质、存储需求以及应用场景都有直接的影响。通过选择合适的录音文件格式和设置适当的采样率，可以确保录音质量和后期处理的顺利进行。在实际操作中，建议根据具体需求和场景进行灵活调整，以达到最佳的录音效果。

1. 录音文件格式

录音文件格式的选择对于录音质量和后期处理都有重要影响。录音文件常见格式包括CD、WAVE（WAV）、AIFF、AU、MPEG、MP3、MPEG-4、MIDI、WMA、RealAudio、VQF、OggVorbis、AMR 等。这些格式各有特点，适用于不同的应用场景和设备。

- 有损压缩格式：如 MP3、WMA 等。这些格式在压缩音频时会丢失部分数据，但能够显著减小文件大小，适用于在线播放和移动设备存储。MP3 格式尤为常见，其采样率通常为 44.1kHz，能够提供较好的音质和较小的文件体积。
- 无损压缩格式：如 WAV、FLAC 等。这些格式在压缩音频时不会丢失数据，能够保持原始音质，但文件体积较大。WAV 格式是 Windows 系统中常用的音频格式，FLAC 则是一种开源的无损压缩格式，其音质与 WAV 相当，但文件体积更小。

2. 采样率

采样率是指录音设备在单位时间内对模拟信号采样的次数，通常以赫兹（Hz）为单位。采样率越高，音频信号的还原能力越强，音质也越好。

- 常见采样率：包括 8kHz、11.025kHz、22.05kHz、44.1kHz、48kHz 等。其中，8kHz 采样率适用于电话语音等低质量音频；11.025kHz 采样率适用于 AM 调幅广播；22.05kHz 和 24kHz 采样率适用于 FM 调频广播；44.1kHz 采样率则是音频 CD 和 MPEG-1 音频的标准采样率；48kHz 采样率则广泛应用于专业音频制作和高清视频音频。
- 采样率与音质：较高的采样率可以提供更好的音质，特别是在高频和细节方面的表现更加出色。对于音乐制作、专业录音等需要高保真的场景，较高的采样率是必要的选择。
- 采样率与存储空间：采样率越高，所需的存储空间也越大。例如，CD 音质（16 位深度、44.1kHz 采样率）的音频数据每秒钟可以占据约 176.4KB 的存储空间，而96kHz 采样率的音频数据每秒钟的存储空间将增加到约 705.6KB。

在选择录音文件格式和采样率时，需要根据具体的应用场景和需求进行权衡。对于一般的语音识别、电话录音等应用场景，可以选择较低的采样率和有损压缩格式以节省存储空间。而对于音乐制作、专业录音等需要高保真的场景，则需要选择较高的采样率和无损压缩格式以保证音质。

任务 5.2　音频编辑与处理软件

音频编辑与处理软件在音频制作和后期处理中起着至关重要的作用。本节将对音频编辑与处理软件的类型、功能、安装方法、操作与编辑技巧进行详细介绍。

子任务 5.2.1　软件类型与功能介绍

音频编辑与处理软件主要用来进行音频制作、音频后期处理等。下面将对音频编辑与处理软件的类型和功能进行详细介绍。

1. 软件分类

音频编辑与处理软件主要分为两大类：单轨音频编辑软件和多轨音频编辑软件，下面将分别进行介绍。

- 单轨音频编辑软件：主要用于对单个音频文件的处理，如音量调节、降噪、效果处理等。典型软件包括 SoundForge、WaveCN、GoldWave 和 WaveLab 等。
- 多轨音频编辑软件：这类软件可以将多个音频文件剪辑、合并为一个音频文件，创作出丰富的音效作品。典型软件有 Adobe Audition、Sonar、Vegas、Samplitude 和 Nuendo 等。

2. 功能介绍

所有的音频编辑与处理软件都具有录音、编辑、特效处理、混音、降噪和修复等功能，下面将分别进行介绍。

- 录音功能：支持高质量的录音，可以设置录音设备、调整音频质量、选择录音源等。
- 编辑功能：提供对音频文件进行各种编辑的功能，如剪切、复制、粘贴、删除等；支持对音频波形进行"反转""静音""放大""扩音""减弱""淡入""淡出"等常规处理。
- 特效处理：提供多种音频特效，如"混响""颤音""延迟"等，用于增强音频效果；支持"槽带滤波器""带通滤波器""高通滤波器""低通滤波器"等滤波处理。
- 混音功能：多轨音频编辑软件支持多轨道编辑，可以将不同的音频文件放置在多个轨道上进行混音处理；提供音量、平衡、左右声道等参数的调整，以创建专业的混音效果。
- 降噪和修复功能：去除音频中的噪声、杂音等不需要的音频元素；提供音频修复功能，可以自动或手动修复音频文件中的错误和损坏。
- 批量处理功能：允许用户同时对多个音频文件进行相同的编辑操作，如批量剪辑、批量转换等，用于提高工作效率，节省时间。
- 格式支持：支持多种音频格式的导入和导出，如 WAV、MP3、MP2、MPEG、OGG 等，方便用户在不同设备和平台上播放和共享音频文件。

● 用户界面：优秀的音频编辑软件通常具有直观的用户界面，布局合理、工具条清晰，操作简便。部分软件还支持自定义界面和菜单，以满足用户的个性化需求。

3. 软件推荐

根据用户需求和软件特点，下面将推荐一些好用且常用的音频编辑与处理软件。

● Audacity：免费且开源的音频编辑器，适用于初学者和业余爱好者。Audacity 支持多轨道录音和编辑，提供实时预览和多种插件支持。如图 5-16 所示为 Audacity 软件界面。

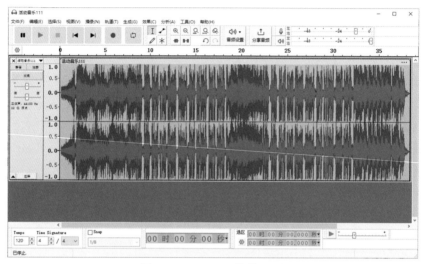

图 5-16　Audacity 软件界面

● Adobe Audition：专业音频编辑软件，适用于专业人士和高级用户。Adobe Audition 提供多轨编辑、波形编辑、频谱分析、降噪、混音等功能。如图 5-17 所示为 Adobe Audition 软件界面。

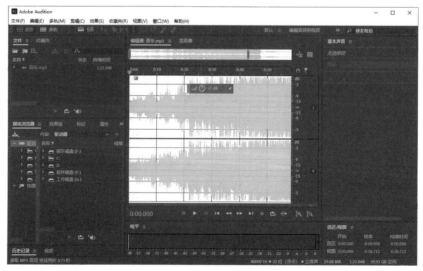

图 5-17　Adobe Audition 软件界面

● Steinberg Cubase：专业音乐制作软件，适用于各种风格、水平和预算的音乐制作。Steinberg Cubase 提供全面的功能集和高质量的 VST 乐器、插件和音色库。

观看视频

子任务 5.2.2　安装 Audition 软件

Audition 软件是一个功能强大的专业音频编辑软件，具有卓越的音频编辑功能、多轨录音和混音能力、音频分析和处理功能以及丰富的特色功能。它适用于各种音频项目场景，是音频制作和后期处理的得力助手。

实战操作：安装 Audition 软件。

（1）打开 Audition 软件安装窗口，选择安装程序图标并右击，在弹出的快捷菜单中选择"以管理员身份运行"命令，如图 5-18 所示。

（2）打开"Audition 2023 安装程序"对话框，在"位置"列表框中选择"更改位置"命令，如图 5-19 所示。

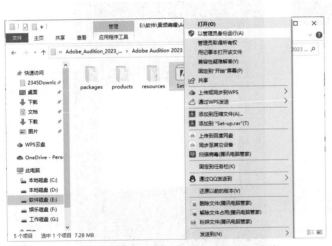

图 5-18　选择"以管理员身份运行"命令

图 5-19　选择"更改位置"命令

（3）打开"浏览文件夹"对话框，选择需要安装的文件夹，单击"确定"按钮，如图 5-20 所示。

（4）返回"Audition 2023 安装程序"对话框，完成安装路径的设置，单击"继续"按钮，如图 5-21 所示。

（5）进入"正在安装"界面，开始安装 Audition 软件程序，并显示安装进度，如图 5-22 所示。

（6）安装完成后，将打开"安装完成"对话框，提示 Audition 2023 已成功安装，单击"关闭"按钮，如图 5-23 所示，完成 Audition 软件的安装。

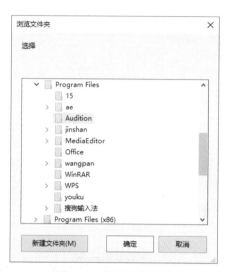

图 5-20　选择安装文件夹

图 5-21　单击"继续"按钮

图 5-22　显示安装进度

图 5-23　单击"关闭"按钮

子任务 5.2.3　认识 Audition 界面布局与功能区域

Audition 2023 工作界面提供了完善的音频与视频编辑功能，用户利用它可以全面控制音频的制作过程，还可以为采集的音频添加各种滤镜效果等。

使用 Audition 2023 的图形化界面，可以清晰而快速地完成音频素材的编辑与剪辑工作。Audition 2023 工作界面主要包括标题栏、菜单栏、工具栏、面板以及编辑器等部分，如图 5-24 所示。

Adobe Audition
文件(F) 编辑(E) 多轨(M) 剪辑(C) 效果(S) 收藏夹(R) 视图(V) 窗口(W) 帮助(H)

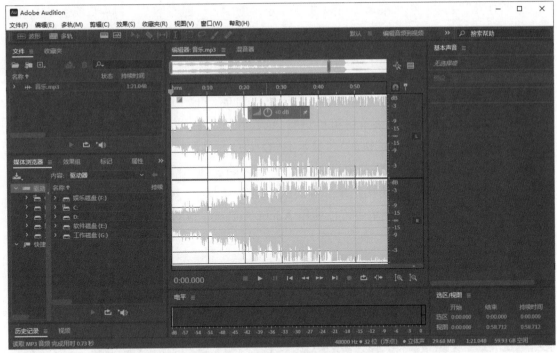

图 5-24　Audition 2023 工作界面

下面将对 Audition 2023 工作界面和功能区域分别进行介绍。

1. 标题栏

标题栏位于整个窗口的顶端，显示了当前应用程序的名称（Audition），包含用于控制文件窗口显示大小的“最小化”按钮、“最大化（向下还原）”按钮和“关闭”按钮。在标题栏左侧的程序图标上单击，会弹出快捷菜单，可以执行还原、移动、缩放、最小化、最大化以及关闭等操作，如图 5-25 所示。

Adobe Audition

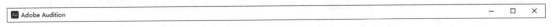

图 5-25　标题栏

2. 菜单栏

菜单栏位于标题栏的下方，由多个菜单组成，包括“文件”“编辑”“多轨”“剪辑”“效果”“收藏夹”“视图”“窗口”和“帮助”，如图 5-26 所示。

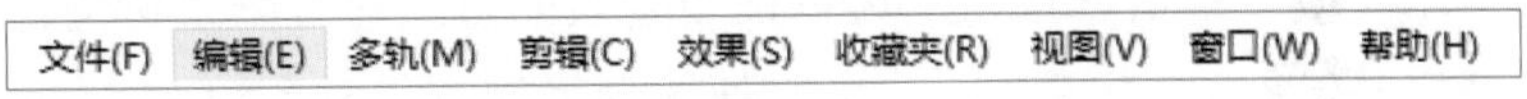

文件(F) 编辑(E) 多轨(M) 剪辑(C) 效果(S) 收藏夹(R) 视图(V) 窗口(W) 帮助(H)

图 5-26　菜单栏

在菜单栏中，各菜单的主要功能如下：

- “文件”菜单：在该菜单中可以进行新建、打开和关闭文件等操作。
- “编辑”菜单：在该菜单中包含撤销、重复、剪切和复制等编辑命令。
- “多轨”菜单：在该菜单中可以进行添加轨道、插入文件、设置节拍器等操作。

- "剪辑"菜单：在该菜单中可以进行拆分、重命名、剪辑增益、静音、分组、伸缩、重新混合、淡入以及淡出等操作。
- "效果"菜单：在该菜单中可以进行振幅与压限、延迟与回声、诊断、滤波与均衡、调制以及混响等操作。
- "收藏夹"菜单：在该菜单中可以进行删除收藏、开始/停止记录收藏等操作。
- "视图"菜单：在该菜单中可以进行放大（时间）、缩小（时间）、缩放重设（时间）、完整缩小（选定轨道）、显示 HUD（H）、显示视频等操作。
- "窗口"菜单：在该菜单中可以进行工作区的新建与删除操作，以及显示与隐藏"编辑器""文件""历史记录"等面板的操作。
- "帮助"菜单：在该菜单中可以使用 Adobe Audition 帮助、Adobe Audition 支持中心、快捷键以及显示日志文件等。

3. 工具栏

工具栏位于菜单栏的下方，主要用于对音乐文件进行简单的编辑操作，提供了控制音乐文件的相关工具，如图 5-27 所示。

图 5-27　工具栏

在工具栏中，各工具和按钮的主要作用如下。

- "波形"按钮 ⊞ 波形：单击该按钮，可以在"波形"编辑状态下编辑单轨中的音频波形。
- "多轨"按钮 ▦ 多轨：单击该按钮，可以在"多轨"编辑状态下编辑多轨中的音频对象。
- 显示频谱频率显示器工具 ▥：单击该按钮，可以显示音频素材的频谱频率。
- 显示频谱音调显示器工具 ▨：单击该按钮，可以显示音频素材的频谱音调。
- 移动工具 ▦：单击该按钮，可以对音频素材进行移动操作。
- 切断所选剪辑工具 ◈：单击该按钮，可以对音频素材进行分割操作。
- 滑动工具 ▦：单击该按钮，可以对音频素材进行滑动操作。
- 时间选择工具 I：单击该按钮，可以对音频素材进行部分选择操作。
- 框选工具 ▦：单击该按钮，可以对音频素材进行框选操作。
- 套索选择工具 ▦：单击该按钮，可以使用套索的方式对音频素材进行选择操作。
- 画笔选择工具 ✎：单击该按钮，可以使用画笔的方式对音频素材进行选择操作。
- 污点修复画笔工具 ✎：单击该按钮，可以对素材进行污点修复操作。
- "默认"按钮 默认 ≡：单击该按钮，可以切换至默认的音频编辑界面。
- "编辑音频到视频"按钮 编辑音频到视频：单击该按钮，可以切换至音频视频混音编辑界面，在该工作界面中将会在最上方显示"视频"面板。

4. 浮动面板

浮动面板位于工作界面的左侧和下方，主要用于对当前的音频文件进行相应的设置。单击菜单栏中的"窗口"菜单，在弹出的菜单列表中单击相应的命令，即可显示相应的浮动面板。如图 5-28 所示为"文件"面板，如图 5-29 所示为"效果组"面板。

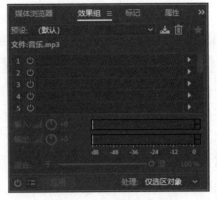

图 5-28　"文件"面板　　　　　　　　　图 5-29　"效果组"面板

观看视频

子任务 5.2.4　录制与编辑单轨音乐

在 Audition 2023 软件的单轨编辑器中，用户可以对单个的音乐文件进行单独的录音操作。

实战操作：录制与编辑单轨音乐。

（1）启动 Audition 2023 软件，在菜单栏中执行"文件"→"打开"命令，如图 5-30 所示。

（2）打开"打开文件"对话框，在对应的文件夹中选择"音乐 1"音频素材，单击"打开"按钮，如图 5-31 所示。

图 5-30　执行"打开"命令　　　　　　　图 5-31　选择音频素材

（3）打开音频素材，在"编辑器"面板中选择合适的音乐区间，如图 5-32 所示。

（4）在选择的音乐区间上右击，在弹出的快捷菜单中选择"静音"命令，如图 5-33 所示。

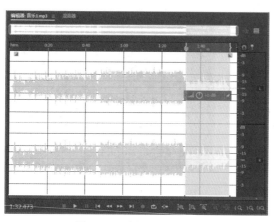

图 5-32　选择音乐区间

图 5-33　选择"静音"命令

（5）将选择的音乐区间设置为静音，被设为静音的音乐区间将不会显示任何音波，如图 5-34 所示。

（6）将时间线定位在需要进行穿插录音的起始位置，在"编辑器"面板的下方单击"录制"按钮 ，即可开始录音，并显示录制音波，如图 5-35 所示。

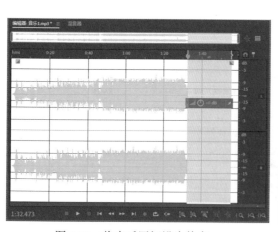

图 5-34　将音乐区间设为静音

图 5-35　开始录音

（7）录音完成后，单击"停止"按钮，完成音频的录制，在"编辑器"面板中可以查看录制的音乐音波效果，如图 5-36 所示。

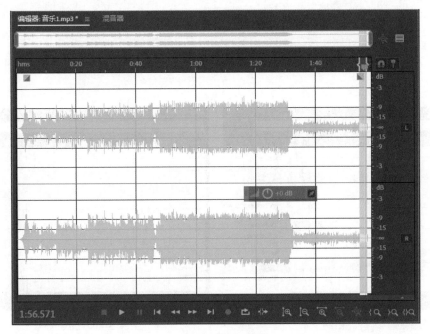

图 5-36　完成录音

观看视频

子任务 5.2.5　剪辑与复制音乐

复制是音频编辑的有效方式之一，在剪辑音乐的过程中，如果有相同的音频部分，则可以使用"复制"功能来避免重复的剪辑工作，如果要删除多余的音乐，则可以使用"删除"功能对其进行删除。

实战操作：剪辑与复制音乐。

（1）执行"文件"→"打开"命令，打开"素材和效果\项目 5\任务 5.2"文件夹中的"音乐 2"音频素材，如图 5-37 所示。

（2）在"编辑器"面板中选择音乐区间并右击，在弹出的快捷菜单中选择"复制"命令，复制音乐，如图 5-38 所示。

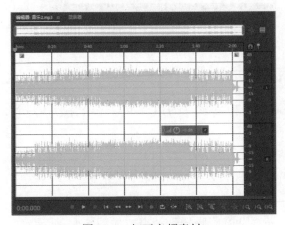

图 5-37　打开音频素材

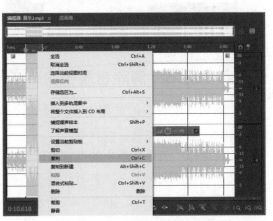

图 5-38　复制音乐

（3）在"编辑器"面板中选择音乐区间并右击，在弹出的快捷菜单中选择"粘贴"命令，如图 5-39 所示。

（4）在指定的音乐区间粘贴音乐，在粘贴音乐后，该音乐区间内的音波波形将发生变化，如图 5-40 所示。

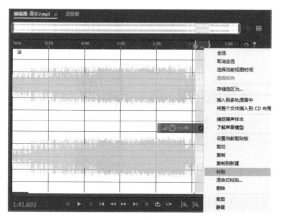

图 5-39　选择"粘贴"命令　　　　　　　　图 5-40　粘贴音乐

（5）在"剪辑"面板中选择合适的音乐区间并右击，在弹出的快捷菜单中选择"删除"命令，如图 5-41 所示。

（6）删除音乐区间，"编辑器"面板中的音乐波形也随之发生变化，如图 5-42 所示。

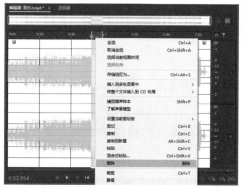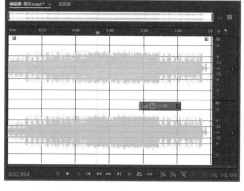

图 5-41　选择"删除"命令　　　　　　　　图 5-42　删除音乐区间

观看视频

子任务 5.2.6　消除音质中的杂音与碎音

在录制音乐旁白的过程中，可以通过 Audition 2023 软件的声音特效对语音旁白进行后期处理，如消除杂音、碎音等。

实战操作：消除音质中的杂音与碎音。

（1）执行"文件"→"打开"命令，打开"素材和效果\项目 5\任务 5.2"文件夹中的"音乐 3"音频素材，如图 5-43 所示。

（2）在菜单栏中执行"效果"→"诊断"→"杂音降噪器"命令，如图 5-44 所示。

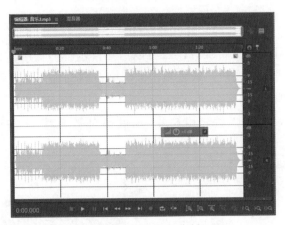

图 5-43　打开音频素材

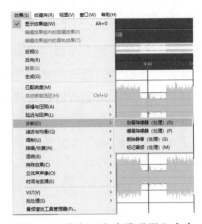

图 5-44　执行"杂音降噪器"命令

（3）打开"诊断"面板，单击"扫描"按钮，如图 5-45 所示。

（4）开始扫描音频中的杂音，稍后将显示出扫描结果，单击"全部修复"按钮，如图 5-46 所示。

图 5-45　单击"扫描"按钮

图 5-46　单击"全部修复"按钮

（5）开始消除音质的杂音与碎音，稍后将显示问题已修复信息，如图 5-47 所示。

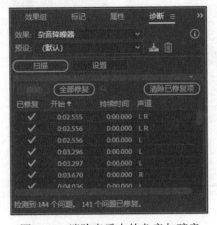

图 5-47　消除音质中的杂音与碎音

观看视频

子任务 5.2.7　对人声噪声进行降噪处理

使用"降噪效果器"可以明显降低背景和宽带噪声，还可以消除音乐中的噪声，包括磁带咝咝声、麦克风的背景噪声、电源线的嗡嗡声，或者整个波形中持续的任何噪声。

实战操作：对人声噪声进行降噪处理。

（1）执行"文件"→"打开"命令，打开"素材和效果 \ 项目 5\ 任务 5.2"文件夹中的"音乐 4"音频素材，如图 5-48 所示。

（2）在菜单栏中执行"效果"→"降噪 / 恢复"→"降噪"命令，如图 5-49 所示。

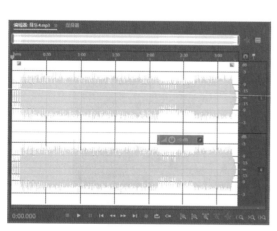

图 5-48　添加视频素材

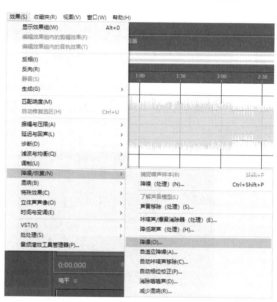

图 5-49　执行"降噪"命令

（3）打开"效果 - 降噪"对话框，在"预设"列表框中选择"强降噪"选项，修改"数量"为 82%，单击"应用"按钮，如图 5-50 所示。

（4）开始降噪音乐，稍后将完成音乐的降噪处理，其效果如图 5-51 所示。

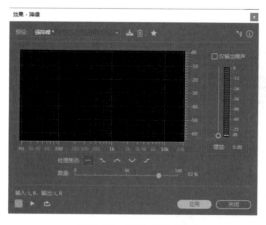

图 5-50　修改参数值

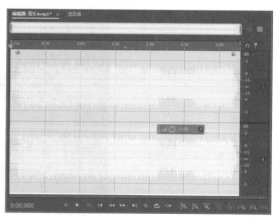

图 5-51　降噪处理音乐

168

子任务 5.2.8　添加淡入淡出音效

观看视频

在"编辑器"面板的轨道上，用户还可以根据需要为轨道中的音乐素材设置淡入与淡出特效，使音乐播放起来更加协调和融洽。

实战操作：添加淡入淡出音效。

（1）在菜单栏中执行"文件"→"新建"→"多轨会话"命令，如图 5-52 所示。

（2）打开"新建多轨会话"对话框，修改会话名称和文件夹位置，单击"确定"按钮，如图 5-53 所示。

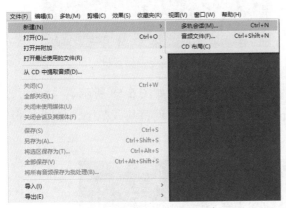

图 5-52　执行"多轨会话"命令

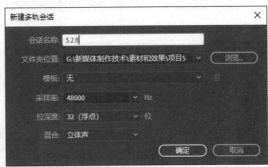

图 5-53　修改参数值

（3）新建多轨会话文件，在"文件"面板中右击，在弹出的快捷菜单中选择"导入"命令，如图 5-54 所示。

（4）打开"导入文件"对话框，选择"音乐 5"文件，单击"打开"按钮，如图 5-55 所示。

图 5-54　选择"导入"命令

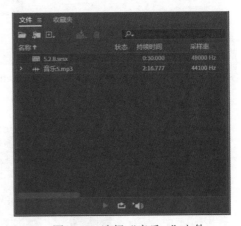

图 5-55　选择"音乐 5"文件

（5）将选择的音乐文件导入"文件"面板中，如图 5-56 所示。

（6）选择"音乐 5"文件，按住鼠标左键并拖曳，将其拖曳至"编辑器"面板的音频轨道上，如图 5-57 所示。

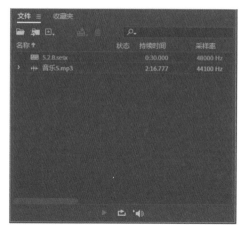

图 5-56　导入音乐文件

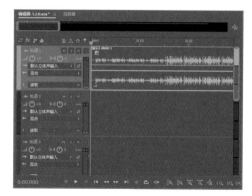

图 5-57　拖曳音频素材

（7）在菜单栏中执行"剪辑"→"淡入"→"淡入"命令，如图 5-58 所示。

（8）添加淡入音效，然后在"编辑器"面板中拖曳控制点，调整淡入范围，如图 5-59 所示。

图 5-58　执行"淡入"命令

图 5-59　调整淡入范围

（9）在菜单栏中执行"剪辑"→"淡出"→"淡出"命令，如图 5-60 所示。

（10）添加淡出音效，然后在"编辑器"面板中拖曳控制点，调整淡出范围，如图 5-61 所示，完成淡入淡出音效的制作。

图 5-60　执行"淡出"命令

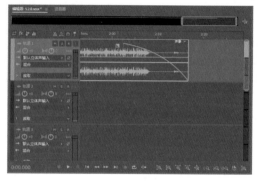

图 5-61　调整淡出范围

任务 5.3　音频输出与发布

在对音频进行编辑与合成操作后，需要将短视频输出为 MP4、AVI 等视频格式，然后将短视频发布到抖音、小红书、西瓜视频等短视频平台。本节将详细讲解短视频输出与发布技术的具体操作。

子任务 5.3.1　音频输出格式与标准

音频输出格式与标准主要涉及音频文件的存储格式以及音频输出的技术标准。下面将对音频的存储格式与标准进行详细讲解。

1. 音频输出格式

音频常见的输出格式有 WAV、MP3、AAC 和 FLAC 等，下面将分别进行介绍。

- WAV 格式：这是一种无损音频格式，由微软公司和 IBM 公司共同开发。它支持多种音频编码，包括 PCM、ADPCM 等，并且由于是无损格式，音质较高，但文件体积也相对较大。
- MP3 格式：这是一种有损音频格式，广泛应用于音乐、广播、电视等领域。它采用 MPEG-1 Audio Layer III 编码技术，具有较高的压缩比和较好的音质。与 WAV 格式相比，其文件体积更小，更便于存储和传输。
- AAC 格式：这是一种有损音频格式，由 MPEG-2 标准定义。它在音质和压缩比方面表现优秀，支持多种采样率和比特率，可根据需求进行调整，因此被广泛应用于多个领域。
- FLAC 格式：这是一种无损音频格式，由 Xiph.Org Foundation 开发。它具有较高的音质和较小的文件体积，并且支持多种音频编码和采样率，因此在音乐爱好者中颇受欢迎。

2. 音频输出技术标准

音频输出的技术标准主要涉及音质、音量和声音效果等方面，下面将分别进行介绍。

- 音质：是衡量声音输出质量的核心指标，包括声音的清晰度、层次感等。一般而言，音质越高，声音的还原程度就越好，听感越舒适。这通常与音频文件的格式和编码质量有关。
- 音量：指声音的强度，单位为分贝（dB）。合适的音量可以保证用户在舒适的听音环境中享受音频内容，避免过高或过低的音量带来不适。
- 声音效果：主要包括混响、均衡、压缩等处理。合理的声音效果处理可以增强声音的质感，提高听感。这通常需要通过专业的音频处理软件或硬件来实现。

总体来说，音频输出格式与标准是一个涉及多个方面的复杂话题。在选择音频格式时，需要根据具体需求和场景来权衡音质、文件大小等因素。同时，在音频输出方面，也需要关注音质、音量和声音效果等技术标准，以确保用户能够获得高质量的音频体验。

观看视频

子任务 5.3.2 音频导出与压缩

音频导出通常指的是从视频文件或其他多媒体文件中提取音频部分，或者将编辑好的音频文件保存为特定格式的过程。而音频压缩是指在不损失有用信息量或引入可忽略损失的条件下，降低音频信号的码率，以减小文件大小并节省存储空间。在进行导出时，可以根据音频软件提供快速高效的压缩功能，来调整压缩参数，如比特率、采样率等。

实战操作：音频导出与压缩。

（1）执行"文件"→"打开"命令，打开"素材和效果\项目5\任务5.3"文件夹中的"音乐6"音频素材，如图5-62所示。

（2）在菜单栏中执行"文件"→"导出"→"文件"命令，如图5-63所示。

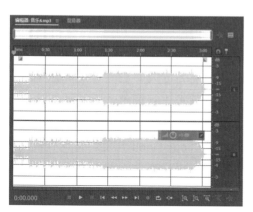

图5-62 打开音频素材

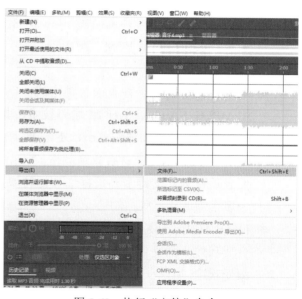

图5-63 执行"文件"命令

（3）打开"导出文件"对话框，修改文件名和位置，修改"格式"为Wave PCM，在"采样类型"右侧，单击"更改"按钮，如图5-64所示。

（4）打开"变换采样类型"对话框，修改"采样率"为48 000，"声道"为"立体声"，"位深度"为32，单击"确定"按钮，如图5-65所示。

（5）返回"导出文件"对话框，完成采样率的设置，单击"确定"按钮，如图5-66所示。

（6）开始导出音频文件，并显示正在变换采样类型进度，如图5-67所示，稍后将完成音频文件的导出操作。

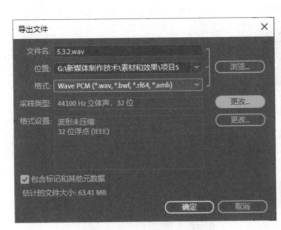

图 5-64　修改参数值

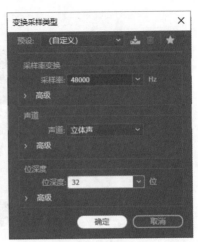

图 5-65　修改参数值

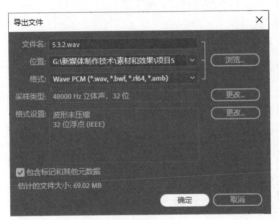

图 5-66　单击"确定"按钮

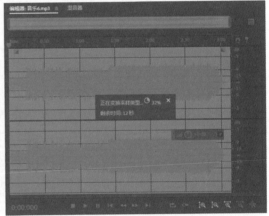

图 5-67　显示变换进度

子任务 5.3.3　音频发布平台与渠道

音频发布平台与渠道多种多样，可以满足不同用户和内容创作者的需求。常见的音频发布平台有综合性音频平台、音乐发布平台、特定类型音频平台、社交与视频平台等，下面将对这些平台和渠道进行详细介绍。

1. 综合性音频平台

常见的综合性音频平台包含喜马拉雅 FM 和荔枝 FM，下面将分别进行介绍。

● 喜马拉雅 FM：作为专业的音频分享平台，拥有 4.7 亿用户，提供包括有声书、相声段子、音乐、新闻、综艺娱乐等多种类别的音频内容。主播可以上传自己的作品，覆盖多个分类，拥有海量的节目音频，如图 5-68 所示。

● 荔枝 FM：同样是一款综合性音频平台，提供丰富的音频内容供用户收听和分享，如图 5-69 所示。

图 5-68　喜马拉雅 App 界面　　　　图 5-69　荔枝 App 界面

2. 音乐发布平台

常见的音乐发布平台包含网易云音乐、酷狗音乐和 QQ 音乐等平台，下面将分别进行介绍。

- 网易云音乐：专注于发现与分享的音乐产品，提供音乐播放、分享、评论等服务，同时支持音乐内容的上传和发布，如图 5-70 所示。
- 酷狗音乐：一款多人使用的音乐播放器，拥有丰富的音乐资源，用户可以搜索和播放老歌、新歌、流行歌曲等，如图 5-71 所示。
- QQ 音乐：腾讯旗下的音乐播放器，提供天天新歌精选、即时在线收听的免费音乐服务，同时也支持音乐内容的上传和分享，如图 5-72 所示。

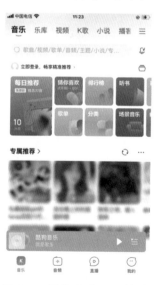

图 5-70　网易云音乐 App 界面　　图 5-71　酷狗音乐 App 界面　　图 5-72　QQ 音乐 App 界面

3. 特定类型音频平台

常见的特定类型音频平台包含耳聆网和 SoundCloud 等，下面将分别进行介绍。

● 耳聆网：专注于声音采样、音效素材、实地录音等原始录音片段的发布和分享。
● SoundCloud：国外的音频平台，主要面向创作歌曲、音乐 Demo 等作品的发布和分享。

4. 社交与视频平台

常见的社交与视频平台包含微信、微博、爱奇艺等，下面将分别进行介绍。

● 微信、微博、小红书等社交平台：可以发布音乐相关的内容和连接更多的听众，通过分享、评论等方式扩大影响力。
● B 站、爱奇艺等视频平台：可以上传音乐视频，让用户通过视频的形式欣赏音乐。

5. 其他音频平台

其他音频平台有千千静听等，其主要面向高品质的音乐内容，可以通过它们提供的渠道将音乐发布到世界各地。

在选择音频发布平台与渠道时，内容创作者需要根据自己的内容类型、目标受众以及平台的用户群体和特色进行综合考虑。同时，不同平台对音频内容的要求和审核标准也有所不同，因此创作者需要仔细了解并遵守平台的规定和要求。

子任务 5.3.4　发布策略与推广

音频发布策略与推广是一个系统性的过程，涉及内容创作、平台选择、目标受众定位以及具体的推广手段等多个方面。下面将对音频的发布与推广策略进行详细介绍。

1. 音频发布策略

下面将详细介绍音频的发布策略。

（1）选择合适的平台：根据目标受众和音频内容的特点，选择合适的音频平台进行发布，如喜马拉雅 FM、荔枝 FM、网易云音乐等。

（2）完善发布信息：在发布音频时，确保标题、描述、标签等信息的准确性和完整性，以提高音频的搜索排名和曝光率。

（3）定期更新：保持音频内容的定期更新，以维持听众的关注和兴趣。

2. 音频推广策略

下面将详细介绍音频的推广策略。

（1）利用社交媒体：在各大社交媒体平台上分享音频内容，如微博、微信公众号、抖音等，通过定期发布有趣的片段或预告吸引听众前来收听。

（2）跨平台推广：在不同的平台上推广音频内容，如 Podcast 平台、音频应用等，通过发布到不同平台吸引更多的潜在听众。

（3）合作推广：与其他领域的网红或专家合作推广，可以扩大影响力。例如，与热门博主或知名音乐人合作举办特别活动或分享音频内容。

（4）回馈听众：激励听众通过分享、评论或推荐来参与和推广音频内容，提供一些奖励或特别福利以感谢他们的支持并促进口碑传播。

（5）SEO 优化：对发布的音频内容进行关键词优化，让搜索引擎更容易找到内容。确保音频标题、描述和标签与内容相关，并使用通用的关键词。

（6）付费推广：如喜马拉雅 FM 等平台提供付费推广服务，可以根据预算和效果评估选择是否使用。

（7）精准合作：与综艺节目、影视剧等合作，通过植入广告或联合推广的方式扩大品牌影响力。

音频发布策略与推广是一个综合性的过程，需要从内容创作、发布、推广等多个方面入手。通过明确目标受众、提供有价值的内容、选择合适的平台和渠道、利用社交媒体和跨平台推广等手段，可以有效提升音频的曝光率和传播效果。同时，也需要不断尝试新的推广方式和方法，以适应不断变化的市场需求和用户习惯。

观看视频

项目实训　将多段音乐作为铃声进行合并　≡

使用 Audition 软件可以将多段音乐合并为铃声，并可以将室内选区中已经选中的素材进行内部混音，而时间选区内没有选中的素材则不进行内部混音。

下面将介绍将多段音乐作为铃声进行合并的具体操作流程。

（1）在菜单栏中执行"文件"→"新建"→"多轨会话"命令，如图 5-73 所示。

（2）打开"新建多轨会话"对话框，修改会话名称和文件夹位置，单击"确定"按钮，如图 5-74 所示。

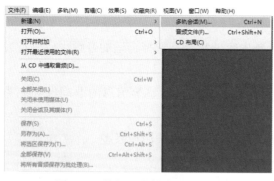
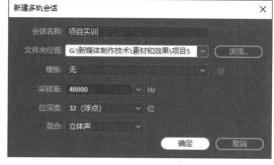

图 5-73　执行"多轨会话"命令　　　　　图 5-74　单击"确定"按钮

（3）新建多轨会话文件，在"文件"面板中右击，在弹出的快捷菜单中选择"导入"命令，打开"导入文件"对话框，选择"音乐 7"～"音乐 9"文件，单击"打开"按钮，如图 5-75 所示。

（4）将选择的音乐文件导入"文件"面板中，如图 5-76 所示。

（5）依次将"文件"面板中的音频素材拖曳至"编辑器"面板的各个音频轨道上，如图 5-77 所示。

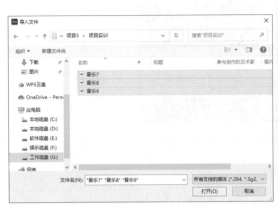

图 5-75　选择多个音频

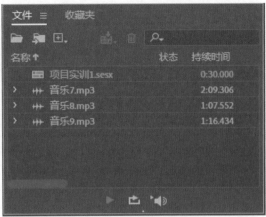

图 5-76　导入音频素材

（6）选择最上方轨道的音频素材，调整其音频长度，如图 5-78 所示。

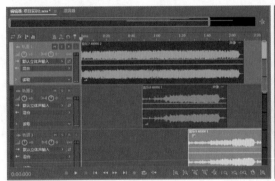

图 5-77　拖曳音频

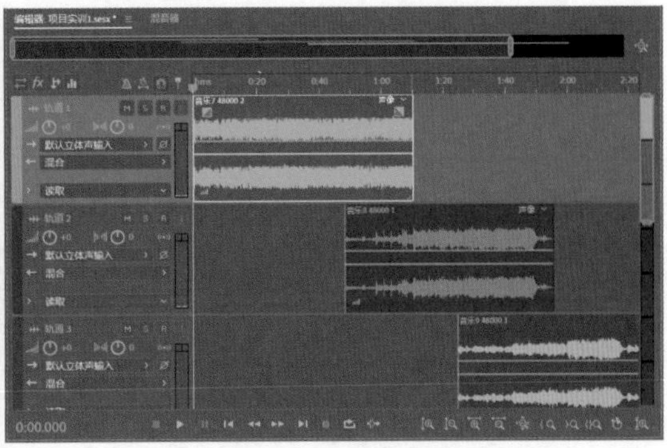

图 5-78　调整音频长度

（7）在"编辑器"面板中选择需要进行内部混音的时间选区，如图 5-79 所示。

（8）在按住 Ctrl 键的同时，选择时间选区中需要进行内部混音的多段音乐文件，如图 5-80 所示。

图 5-79　选择时间选区

图 5-80　选择多段音乐文件

（9）在菜单栏中执行"多轨"→"回弹到新建音轨"→"时间选区内的所选剪辑"命令，如图 5-81 所示，即可将时间选区内已选中的多轨音乐进行混音。

图 5-81　执行"时间选区内的所选剪辑"命令

项目总结

　　本项目介绍了音频设备与录音技巧的基础，涵盖了设备设置与调试、高效录音方法及其注意事项，并深入探讨了录音文件格式的选择与采样率的重要性。同时，项目详细讲解了音频编辑与处理软件的应用，特别是 Audition 软件的安装、功能特点及其在音乐录制、单轨编辑、音乐剪辑与复制、杂音与碎音消除、人声降噪处理以及淡入淡出音效添加等方面的操作技巧。此外，本项目还着重介绍了音频输出与发布的相关知识，包括音频输出格式的标准选择、导出与压缩方法、发布平台与渠道的了解，以及制定有效的发布策略与推广方式。通过本项目的学习，读者可以掌握从音频录制到后期处理，再到最终输出与发布的完整流程，能够独立完成如将多段音乐合并为铃声等实际项目实训任务。

项目 6　新媒体交互设计技术

　　新媒体交互设计的核心在于通过精细的用户界面设计，促进用户与新媒体内容之间的有效且愉悦的互动。新媒体交互设计技术广泛涵盖了视觉设计、用户体验设计及信息架构等多个核心领域，共同致力于构建一个既直观易用又能精准满足用户需求的交互体验环境。本项目专注于全面讲解新媒体交互设计技术，涵盖交互设计的基础理论、原则、界面设计实践以及用户体验优化等方面。通过本项目的学习，读者能够迅速掌握新媒体交互设计的基础知识体系，为快速产出多样化的新媒体交互内容奠定坚实基础。

本项目学习要点--

- ● 掌握交互设计的基础与原则
- ● 掌握交互界面设计
- ● 掌握交互设计与用户体验

任务 6.1 交互设计的基础与原则

新媒体交互设计的基础与原则包括对新媒体交互设计的概述、用户研究、需求分析，以及遵循一系列具体设计原则和法则。本节将详细讲解交互设计的基础知识与原则，以帮助用户快速掌握交互设计的内容。

子任务 6.1.1 交互设计概述

在进行新媒体交互设计之前，需要先了解交互设计的定义和重要性，下面分别详细介绍。

1. 交互设计的定义

新媒体交互设计是指通过用户界面设计，使用户与新媒体内容进行有效、愉悦的互动。它涉及视觉设计、用户体验设计、信息架构等多个方面，旨在为用户提供一种直观、易用、满足需求的使用体验。随着科技的不断发展，新媒体交互设计技术也在不断更新和完善，为用户带来了更加丰富的互动体验。

2. 交互设计的重要性

交互设计在提升用户体验、增强可用性和可访问性、促进品牌塑造和传播、提高用户留存和转化率、响应技术和市场的变化以及跨领域合作和整合等方面都具有重要作用，如图 6-1 所示。交互设计的重要性不容忽视，它在现代产品设计和用户体验中扮演着至关重要的角色。

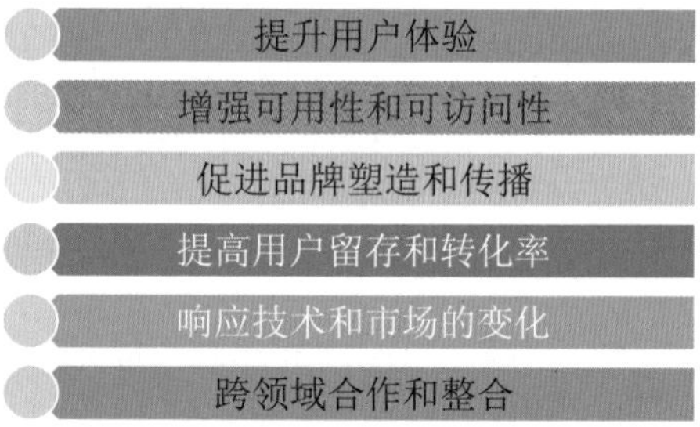

下面将对交互设计的重要性分别进行介绍。

图 6-1 交互设计的重要性

（提升用户体验／增强可用性和可访问性／促进品牌塑造和传播／提高用户留存和转化率／响应技术和市场的变化／跨领域合作和整合）

1）提升用户体验

交互设计专注于用户与产品或服务之间的交互过程，通过优化交互流程、界面布局和反馈机制，使用户能够更轻松、更愉悦地完成所需的操作。良好的交互设计能够提升用户的满意度和忠诚度，为企业带来更高的商业价值。

2）增强可用性和可访问性

交互设计关注产品的易用性，确保用户能够轻松理解和使用产品。通过考虑不同用户群体的需求和特点，设计师可以创建出具有广泛适用性的产品，满足不同用户的需求。同时，交互设计还关注产品的可访问性，确保所有人群，包括残障人士，都能够平等地使用产品。

3）促进品牌塑造和传播

交互设计不仅关注产品的外观和功能，它还涉及产品的整体感觉和氛围。通过独特的交互设计和视觉风格，企业可以塑造出独特的品牌形象，吸引用户的关注和喜爱。同时，良好的交互设计还可以增强用户对品牌的认知和记忆，促进品牌的传播和推广。

4）提高用户留存和转化率

对于应用程序和在线平台而言，交互设计对于提高用户留存和转化率至关重要。通过设计易于使用和吸引人的界面和交互流程，企业可以吸引更多的用户访问和使用产品，并鼓励他们进行购买、注册或分享等行为。这将有助于增加企业的收入和市场份额。

5）响应技术和市场的变化

随着技术的不断发展和市场的不断变化，交互设计也需要不断更新和改进。设计师需要关注新技术和新兴市场的趋势，并将其应用到产品设计中。通过灵活的交互设计，企业可以迅速响应市场变化，满足用户的需求和期望，保持竞争优势。

6）跨领域合作和整合

交互设计是一个跨领域的学科，需要与其他设计领域（如视觉设计、用户体验设计等）以及技术领域（如前端开发、后端开发等）进行紧密合作。通过跨领域的合作和整合，可以实现产品功能的完善和创新，为用户提供更好的服务体验。

子任务 6.1.2　交互设计的基本原则

交互设计旨在通过创造直观、高效且吸引人的用户界面，从而优化用户体验。在进行新媒体的交互设计时，应该遵循 10 大基本原则，如图 6-2 所示。

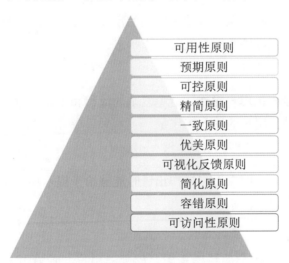

可用性原则
预期原则
可控原则
精简原则
一致原则
优美原则
可视化反馈原则
简化原则
容错原则
可访问性原则

图 6-2　交互设计的基本原则

下面将对交互设计的 10 大基本原则分别进行介绍。

1. 可用性原则

确保产品本身是有用的，流程是完善的，能够给用户带来帮助。在设计中，我们需要考虑用户的目标和需求，并确保产品能够支持这些目标和需求。

2. 预期原则

为用户考虑每一个过程所需要的信息和功能，如告知用户系统当前的状态、提供随时的反馈等。这有助于用户更好地理解系统的运作方式，并减少不必要的困惑和误解。

3. 可控原则

让用户能够自由地确定或取消操作，避免强制性选项。例如，在引导页面提供一个 skip 的按钮操作，允许用户跳过不感兴趣的内容。

4. 精简原则

尽量减少用户的操作步骤，提高效率。通过优化界面布局、减少冗余信息等方式，降低用户的短期记忆载荷，提升使用体验。

5. 一致原则

确保界面风格、布局、功能以及操作的一致性。这有助于用户更快地熟悉产品，减少因界面变化而产生的困惑和误操作。

6. 优美原则

布局要美观，操作和交互要流畅。优美的设计能够提升用户的审美体验，增强用户对产品的好感度。

7. 可视化反馈原则

在用户进行交互操作时，系统应给予明确的反馈，以告知用户操作是否成功或进行到哪一步。这有助于用户更好地掌握系统的运作状态。

8. 简化原则

交互设计应该尽量简化用户操作，避免复杂的流程和烦琐的输入。通过自动填充、提供默认选项等方式，减少用户的输入工作量。

9. 容错原则

系统应具备容错能力，即在用户操作出错时能够给予提示和纠正的机会。这有助于减少用户的挫败感，提升用户体验。

10. 可访问性原则

交互设计应考虑不同用户的特殊需求，如视障用户、听障用户等。通过提供辅助功能，确保所有用户都能够顺利使用产品。

交互设计的基本原则涵盖可用性、一致性、可见性、优美性、容错性、简化性等方面。这些原则共同构成了优秀交互设计的基石，有助于提升用户体验和产品价值。在实际设计过程中，设计师需要充分考虑这些原则，并结合具体的应用场景和用户需求进行灵活应用。

子任务 6.1.3　用户研究与需求分析

交互设计中的用户研究与需求分析是紧密相连的两个阶段，它们共同构成了设计流程的基础，为创造出满足用户需求的产品提供了有力支持。下面将对交互设计中的用户研究和需求分析两个阶段分别进行介绍。

1. 用户研究

交互设计的用户研究是理解用户需求、行为和期望的关键过程，它对于创造出色用户体验至关重要。在进行交互设计用户研究时，可从用户访谈、焦点小组讨论、问卷调查、可用性测试、用户画像、用户体验地图以及数据分析和挖掘 7 个方面进行分析，如图 6-3 所示。

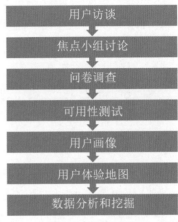

图 6-3　用户研究

1）用户访谈

用户访谈的方法是与用户进行面对面交流，了解他们的需求、期望和使用情况。通过深入交流，可以揭示用户深层次的需求和思考，为设计师提供宝贵的信息。例如，在设计购物网站时，可以询问用户对网站体验、产品质量、价格和售后服务的看法和满意度。

2）焦点小组讨论

焦点小组讨论的方法是将一组目标用户集中在一起，让他们就某一主题展开讨论。通过集体讨论和观点碰撞，设计师可以更好地把握用户的心理和行为。例如，在设计社交应用时，可以邀请目标用户参与焦点小组讨论，讨论社交功能的使用体验。

3）问卷调查

问卷调查的方法是通过问卷收集用户的客观信息和主观反馈，包括人口统计学信息、使用目的和原因、行为习惯、态度等。在进行问卷调查时，要确保题目顺序合理、题量适中、避免歧义，并进行测试以确保问卷的有效性。

4）可用性测试

可用性测试的方法是观察用户在完成特定任务时的表现，以评估产品的易用性和用户体验。通过测试，可以发现产品的潜在问题和用户痛点，为产品优化提供方向。

5）用户画像

用户画像的方法是根据用户研究数据，创建典型的用户形象，包括他们的背景、需求、行为和目标。其作用是帮助设计师更好地理解目标用户，确保产品满足他们的需求和期望。

6）用户体验地图

用户体验地图的方法是绘制用户与产品交互的全过程，包括用户的行为、想法和感受。通过体验地图，设计师可以全面了解用户的体验流程，发现可能的痛点和改进点。

7）数据分析和挖掘

数据分析和挖掘的方法是利用数据分析工具和技术，对收集到的用户数据进行深入分析和挖掘。其作用是发现用户行为的模式和趋势，为产品优化和决策提供数据支持。

用户研究是交互设计的基础和关键，通过深入了解用户，设计师可以创造出更加符合用户需求、易于使用且令人愉悦的产品。同时，用户研究也是一个持续的过程，需要不断地收集和分析用户数据，以不断优化产品设计和用户体验。

2. 需求分析

需求分析是交互设计流程中的关键步骤，它基于用户研究的结果，将用户需求转换为具体的产品设计要素。需求分析的目的在于确保产品能够满足用户的期望，提高用户满意度和产品的市场竞争力。

在进行新媒体交互设计的需求分析时，可以从需求调研、需求分析和需求验证 3 个方面进行详解，如图 6-4 所示。

1）需求调研

需求调研是一个系统性的过程，旨在深入了解用户需求、市场趋势以及产品潜在机会，为产品策划和设计提供有力依据。在进行需求调研时，可以从用户组织结构、业务活动情况和系统边界 3 个方面进行调研。

图 6-4　需求分析

- 用户组织结构情况了解：了解用户的组织结构、部门设置等，以明确设计所涉及的用户群体和他们的组织结构。
- 业务活动情况调研：深入了解用户各部门的业务活动，包括业务流程、业务规则等，以明确设计需求与业务目标的对应关系。
- 确定系统边界：明确设计的范围和边界，避免设计过程中产生不必要的混淆和误解。

2）需求分析

需求分析包含用户活动分析、抽象用户需求和需求转换 3 个方面。

- 用户活动分析：对用户活动进行深入调查和分析，包括用户的行为习惯、使用场景、使用频率等，以挖掘用户的真实需求。
- 抽象用户需求：将用户活动的调查结果进行抽象和归纳，提炼出用户对数据库应用系统的各种需求，包括数据信息存储、处理、业务数据流等。
- 需求转换：将用户的需求转换为后续各设计阶段可用的形式，包括功能需求、性能需求、界面需求等。

3）需求验证

需求验证包含有效性、一致性和完备性，下面将分别进行介绍。

- 有效性验证：确保需求是符合业务目标和用户需求的，没有遗漏或错误。

- 一致性验证：验证需求之间的逻辑关系是否一致，避免出现冲突或矛盾。
- 完备性验证：确保需求已经全面覆盖了用户的所有需求点，没有遗漏。

在进行交互设计的需求分析过程中，设计师还需要注意以下几点。

- 始终以用户为中心，站在用户的角度思考问题，确保设计满足用户的需求和期望。
- 深入了解业务，理解业务逻辑和业务目标，确保设计与业务目标的一致性。
- 充分沟通和协作，与设计团队、开发团队和用户保持密切的沟通和协作，确保设计方案的顺利推进和实施。

综上所述，交互设计的需求分析是一个复杂而关键的过程，它需要设计师具备深厚的用户研究能力、敏锐的洞察力以及丰富的设计经验。通过清晰、系统化的需求分析过程，设计师可以确保产品能够真正满足用户需求，提高用户满意度和产品的市场竞争力。

子任务 6.1.4　交互设计流程

交互设计流程是一个系统且有序的过程，它可以确保产品与用户之间的交互体验达到最佳。交互设计的流程分成 4 个阶段，分别是需求分析阶段、设计阶段、开发阶段和反馈阶段，如图 6-5 所示。

下面将对交互设计各个阶段的流程进行详细介绍。

图 6-5　交互设计流程

1. 需求分析阶段

- 需求分析：与产品经理或业务分析师沟通，了解用户需求和产品目标，通过需求分析确定产品的功能和范围。
- 用户研究：通过用户调研、用户访谈、用户行为观察等方法，深入了解用户的需求、痛点和使用习惯，并确定用户画像和用户需求。
- 需求沟通：与设计团队、产品经理等相关人员沟通，确保对需求有共同的理解。

2. 设计阶段

设计阶段主要从设计规划和设计实施两个方面进行设计，下面将分别进行介绍。

1）设计规划

- 信息架构：根据用户需求和产品功能，设计产品的信息架构。将内容进行分类和组织，设计合理的页面结构和导航方式，使用户能快速定位到所需的信息。
- 创建用户模型：基于用户调研得到的用户行为模式，创建场景和用户故事来描绘设计中产品将来可能的形态。
- 界面易用性：考虑界面的布局、元素摆放等，确保用户能够快速理解和使用产品。
- 情感化设计：关注用户的情感体验，通过设计元素和交互方式传递产品的情感价值。
- 界面草图：绘制初步的界面草图，为后续设计提供参考。

2）设计实施

● 界面设计：根据信息架构设计，进行界面设计，包括页面布局、色彩搭配、字体排版、图标设计等。要注意可视化效果和用户感知。

● 交互设计：在界面设计的基础上，设计交互方式，包括界面元素的交互逻辑、交互方式和交互效果的设计，例如按钮的点击效果、页面的过渡效果等。

● 设计规范：制定设计规范，包括颜色、字体、图标等视觉元素的使用规范，确保产品的视觉风格统一。

● 原型制作：根据界面设计和交互设计，制作交互原型。原型可以是静态的界面设计图，也可以是动态的交互展示。原型有助于设计师和开发人员更好地理解交互设计和用户体验。

3. 开发阶段

● 设计评审：与开发团队进行设计评审，确保设计方案的可行性和准确性。

● 项目跟进：与开发团队保持密切沟通，确保设计方案能够准确实现，并在开发过程中进行必要的调整和优化。

● 开发实现：在产品设计确定后，交互设计师和开发人员进行沟通合作，将交互设计转换为实际的产品界面。交互设计师需要与开发人员密切配合，解决技术问题和实际落地的难题。

4. 反馈阶段

● 可用性测试：邀请用户对产品进行测试，收集用户的反馈和意见，评估产品的可用性。

● A/B 测试：通过 A/B 测试等方式，对比不同设计方案的效果，找出最佳设计方案。

● 用户反馈：关注用户在使用产品过程中的反馈和意见，及时进行调整和优化。

● 产品数据：分析产品的使用数据，了解用户的行为和需求，为后续的迭代和优化提供参考。

● 产品迭代：根据用户测试的结果，对产品进行修改和优化。进行多次迭代，直到满足用户需求和期望。

● 评估改进：产品上线后，跟踪用户使用情况和反馈意见，进行评估和改进。关注用户的满意度和使用体验，不断优化产品。

整个交互设计流程是一个循环迭代的过程，通过不断地进行需求分析、设计、开发、反馈和迭代，不断优化产品的交互体验，提升用户的满意度和忠诚度。

任务 6.2　交互界面设计

交互界面设计是一个复杂而重要的过程，需要综合考虑用户需求、产品特点、设计原则和设计趋势等因素。通过精心的设计和优化，可以创造出既美观又易用的交互界面，为用户提供良好的用户体验。因此，在掌握新媒体交互设计的基础知识后，就需要对新媒体的交互界面进行设计。本节将详细讲解新媒体交互界面的设计基础、设计流程、设计工具与软件等知识，帮助读者快速掌握交互界面的设计。

子任务 6.2.1　界面设计基础

在进行交互界面设计时，需要掌握界面的布局、排版、色彩、字体、图标与按钮等设计基础要素。这些基础要素是交互界面设计过程中至关重要的环节，它们直接影响用户体验和产品的易用性。

1. 布局类型与原则

合理的布局是交互界面设计的基础，有助于提升用户的使用效率和舒适度。布局应遵循对比、重复、对齐和亲密性等原则。

交互界面的布局类型多种多样，常见的有网格布局、多面板布局、陈列馆式布局、Z形布局和瀑布流式布局等。这些布局类型各有特点，适用于不同的应用场景和需求。

（1）网格布局：简单易用，适合清晰展示信息的项目。网格布局可以轻松地对齐元素，方便观看，适用于各种屏幕尺寸，能够更清晰地展现内容，如图 6-6 所示。

图 6-6　网格布局

（2）多面板布局：可以展示更多的信息量，操作效率较高。多面板布局适合分类和内容都较多的情形，常用于分类页面或品牌筛选页面，如图 6-7 所示。

（3）陈列馆式布局：在同样的高度下可以有更多的菜单，流动性强，可以直观展现内容，方便用户浏览经常更新的内容，如图 6-8 所示。

（4）Z 形布局：有助于引导用户的注意力，节约时间。Z 形布局可以提高用户的浏览效率，观看更多的内容，适合需要用户按照特定顺序操作的项目，如图 6-9 所示。

图 6-7　多面板布局

图 6-8　陈列馆式布局

图 6-9　Z 形布局

（5）瀑布流式布局：降低了界面复杂性，节约了空间。瀑布流式布局在触屏界面更符合用户的习惯，共交互便捷性可以使用户将注意力更多地集中在内容上，如图6-10所示。

图 6-10　瀑布流式布局

在进行交互界面的布局时，还需要遵循以下基本原则。

● 清晰性：布局应确保信息清晰易读，避免混淆和误解。

● 一致性：界面布局应保持一致性，使用户在不同页面或功能之间能够快速适应。

● 可访问性：布局应方便用户访问和使用所有功能，无论用户设备或技能水平如何。

2. 排版设计

交互界面的排版是提升用户体验和界面可读性的关键环节。通过合理地排版交互界面中的文本、图形和图标等内容，才可以创建出既美观又实用的交互界面。下面将详细介绍排版设计的相关技巧。

● 字体与字号：选择易于阅读的字体，确保在不同设备和屏幕尺寸下都有良好的可读性。可根据内容的重要性和层级关系，合理设置的字号大小。

● 行距与字距：适当的行距和字距可以提高阅读体验，避免用户感到拥挤或稀疏。

● 对齐方式：使用统一的对齐方式（如左对齐、居中对齐或右对齐）来保持界面的整洁和一致性。

● 色彩搭配：选择与品牌形象和产品特点相符的色彩搭配。可使用对比色来强调重要信息或吸引用户注意。

● 空白与间距：合理利用空白和间距来分隔不同的内容区域，提高界面的可读性和层次感。

● 图标与图像：选择清晰、简洁的图标和图像来辅助用户理解界面内容。图标和图像应与文本内容相互补充，提高信息的传达效率。

在交互界面排版过程中，需要充分考虑用户的需求和使用习惯，结合产品的特点和目标，选择合适的布局方式和排版技巧，以创造出既美观又易用的界面设计。同时，通过不断地测试和优化，确保设计的质量和效果能够满足用户的期望和需求。

3.字体选择与应用

在交互界面设计中，字体的选择和应用对于整体的用户体验和视觉美感至关重要。常见的字体分为英文字体和中文字体，下面将分别进行介绍。

- 英文字体：包含 Helvetica、Aral 等字体，是广泛使用的无衬线字体，具有清晰的线条和可读性，适合多种界面场景。如图 6-11 所示为常见的英文字体。
- 中文字体：包含华文黑体、冬青黑体、微软雅黑和方正中黑系列等字体，这类字体具有清晰易读的特性，其清晰的线条和优雅的外观使其成为 PC 界面的首选。如图 6-12 所示为常见的中文字体。

图 6-11　英文字体　　　　　　　　　图 6-12　中文字体

在了解了字体的分类后，可以根据不同的界面场景选择不同的字体风格。例如，标题和导航栏可能需要更加醒目和有力的字体，而正文则需要清晰易读的字体。无论选择何种字体，都应确保其在不同设备和屏幕尺寸上都能保持良好的可读性，并在整个应用或网站中保持一致的字体风格，有助于提升用户体验和品牌形象。如图 6-13 所示为不同交互界面中的不同字体效果。

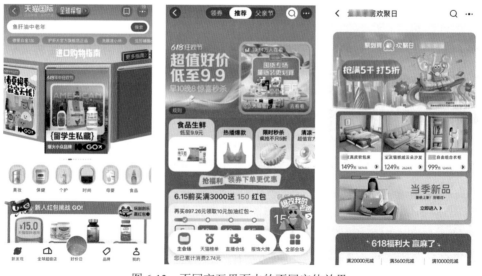

图 6-13　不同交互界面中的不同字体效果

字号的大小直接影响用户阅读的舒适度和信息的传达效果。通常，标题和导航栏的字号较大，而正文的字号则适中。下面将对字号的规范要求进行详细介绍。

- 导航标题字号：通常为 40 ～ 42px，较小的 40px 字号常显得更为精致。
- 正文字号：大的正文字号通常为 32px，副文通常为 26px，最小的文字信息则通常为 20px。需要注意的是，在正文字号的使用中，根据不同类型的 App 会有所区别。
- 选择偶数字号：在选用字体大小时，通常要选择偶数的字号，因为在开发界面时，字号大小换算是要除以 2 的。

综上所述，交互界面字体的选择和应用需要综合考虑场景、可读性、风格统一和字号规范等多个因素。通过合理地搭配和应用，可以为用户带来更加舒适和美观的视觉体验。

4. 色彩搭配

交互界面色彩搭配在 UI 设计中起着至关重要的作用，它不仅影响界面的美观性，还直接关系到用户体验和信息传达的效果。下面将详细介绍交互界面色彩搭配的原则和注意事项等内容。

1）色彩搭配的原则

- 一致性：在整个用户界面中保持一致的色彩搭配，有助于建立统一的品牌形象和用户体验。这包括使用相同的色彩组合、色彩比例和色彩饱和度等。
- 对比度：确保文本和图标与背景有足够的对比度，以提高可读性。一般来说，对比度较高的颜色组合更易于阅读。
- 色盲友好：考虑到一些用户可能是色盲，避免仅依赖颜色作为唯一的信息传达方式，可以使用不同的标记、符号或线型来区分元素。
- 情感表达：不同颜色可以传达不同的情感和情绪。选择与品牌或应用的目标情感一致的色彩搭配，有助于建立更强的情感联系。
- 简洁性：避免使用过多的颜色，保持设计简洁。通常情况下，使用 1 ～ 3 种主要颜色足以满足设计需求。

2）色彩搭配的注意事项

（1）了解色轮和色彩理论：了解哪些颜色可以搭配得好。例如，互补色（位于色轮相对位置的颜色）通常会产生鲜明的对比，而类似色和邻近色则更容易产生和谐统一的效果，如图 6-14 所示。

（2）平衡：在整个界面中平衡不同颜色的使用，避免一个颜色占据主导地位或颜色过于杂乱。这可以通过调整颜色的面积、亮度和饱和度来实现。

（3）反馈机制：使用颜色来传达信息，如状态的变化（如按钮按下后的反馈）或警告信息（如错误消息）。这有助于用户快速理解界面状态。

（4）可用性：确保色彩搭配不仅美观，还要考虑可用性。例如，一些用户可能对亮度敏感，因此需要考虑夜间模式或调整颜色亮度。

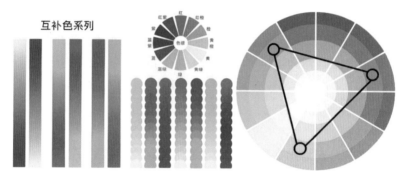

图 6-14 互补色和类似色

（5）A/B 测试：进行 A/B 测试来确定哪种色彩搭配可以对用户产生更好的反应和行为。这有助于优化设计。

（6）文本颜色：在选择文本颜色时，确保文本与背景对比度足够，以确保易读性。一般来说，深色背景搭配浅色文本，浅色背景搭配深色文本效果较好。

3）色彩搭配方法

（1）单色配色：使用同一色相的不同明度和纯度变化进行配色。这种方法简单明了，易于统一风格，如图 6-15 所示。

（2）邻近色配色：选择色轮上相邻的颜色进行搭配。这种方法可以产生和谐统一的效果，适用于需要营造温馨、舒适氛围的场景，如图 6-16 所示。

图 6-15 单色配色   图 6-16 邻近色配色

（3）对比色配色：选择色轮上相对位置的颜色进行搭配。这种方法可以产生强烈的对比效果，适用于需要突出重点、吸引用户注意的场景。但需要注意控制对比色的面积和比例，避免过于刺眼，如图 6-17 所示。

（4）互补色配色：选择色轮上完全相对的颜色进行搭配。这种方法可以产生最强烈的对比效果，适用于需要营造鲜明、活泼氛围的场景。但同样需要注意控制面积和比例，如图 6-18 所示。

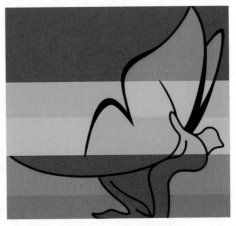

图 6-17 对比色配色　　　　　　　　图 6-18 互补色配色

总之，在进行交互界面色彩搭配时，需要综合考虑品牌调性、用户群体、使用场景等多个因素，选择合适的色彩搭配原则和注意事项，以创建出既美观又实用的用户界面。

5. 图标与按钮

交互界面中的图标与按钮是交互设计中至关重要的元素，它们不仅影响着界面的整体美观性，还直接关系到用户体验和操作的便捷性。下面将对交互界面中图标和按钮的设计方法进行讲解。

1）图标设计

图标分为标志性图标和功能性图标两种类型。其中，标志性图标通常用于表示软件产品、应用或品牌的启动图标，具有高度的识别性，如图 6-19 所示；功能性图标用于 App 或网站中，表示功能、操作或导航，如"设置""搜索"等，如图 6-20 所示。

图 6-19 标志性图标　　　　　　　　图 6-20 功能性图标

在进行图标设计时，需要遵循以下 3 个原则。

（1）简洁明了：图标设计应尽可能简洁，避免过多的细节，确保用户能够迅速识别其含义。

（2）统一性：统一的图标设计风格有助于提升品牌形象和用户体验。

（3）可识别性：图标设计应具有较高的可识别性，避免歧义。

在进行图标设计时，还需要注意尺寸、颜色和状态 3 个设计细节。

（1）尺寸：业务图标在常规使用中，有 32px（最小尺寸）、48px 和 64px（最大尺寸）三种选择。系统图标则应根据具体平台和需求进行适配。

（2）颜色：图标的颜色应与界面整体风格相协调，并与文案的色值保持一致（表示状态的除外）。业务图标有单色（中性色）和双色（中性色＋主色）两种，主色的面积不超过整个 icon 的 40%。

（3）状态：图标应根据功能需求设计不同的状态，如常态、选中态、点击态等。

2）按钮设计

交互界面中的按钮类型包括 CTA 按钮、幽灵按钮、下拉按钮、浮动操作按钮、汉堡包按钮、加号按钮、消耗品按钮、共享按钮等。每种类型的按钮都有其特定的用途和设计风格。如图 6-21 所示为不同的按钮效果。

在进行按钮设计时，需要遵循以下设计技巧。

（1）外观：按钮看起来必须像一个按钮，用户习惯于现实世界中的按钮是矩形或圆形的，因此设计时应尽量遵循这一原则。

（2）阴影和立体感：适当的阴影和立体感可以增加按钮的立体感和点击感，使用户更容易识别其为可点击元素。

（3）尺寸：在触屏时代，按钮的尺寸通常根据指尖尺寸进行设计。对于移动设备，44 ～ 48px 尺寸的正方形按钮较为常见，而在 PC 端，按钮尺寸可以稍小一些。按钮大小

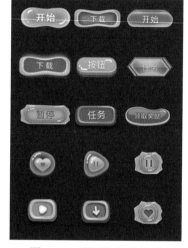

图 6-21　不同的按钮效果

应与文本大小相适配，确保文本在按钮中居中并有足够的呼吸空间。

（4）状态：按钮应根据其功能和状态设计不同的样式和颜色，如常态、点击态、不可点击态等。不同的按钮状态应具有明显的视觉差异，以便用户快速识别。

（5）对齐：按钮的对齐对于界面的整洁性和易读性至关重要。应确保按钮与周围元素在水平和垂直方向上都对齐。

（6）标签文字：按钮标签文字应简洁明了，直接传达按钮的功能。文字应居中显示，并有足够的呼吸空间以确保易读性。

（7）交互反馈：当用户点击按钮时，应给予明显的视觉反馈，如颜色变化、动画效果等，以增强用户的操作体验。

交互界面中的图标与按钮设计需要综合考虑外观、尺寸、状态、对齐、标签文字、交互反馈和类型等多个因素。通过合理地设计和规范的应用，可以为用户带来更加舒适和便捷的操作体验。

子任务 6.2.2　交互界面原型分类

在进行产品交互界面的原型设计时，选择适当保真度的原型对于项目的成功至关重要。根据页面的保真度，可以将产品交互界面的原型分为草图、低保真原型和高保真原型。在进行交互界面原型设计之前，需要根据使用场景、使用人群或者项目的不同阶段来设计不同保真度的产品交互原型。

1. 草图

草图是最初步的界面原型设计形式，通常使用纸笔、白板笔或者简单的绘图工具进行绘制。假如界面布局尚未完全确定，此时使用草图可以快速捕捉和表达设计师的初步想法。草图通常是手绘的，可以使用纸笔或数字绘图板进行创作，它们不要求精细的细节，主要是为了捕捉设计的基本概念和流程。

草图具有快速、非正式、易于修改等特点，主要用于快速捕捉设计师的初步想法，以及进行团队内部的快速讨论和反馈。草图一般适用于初期概念验证、快速迭代和修改、团队内部讨论和沟通等场景。如图 6-22 所示为交互界面草图效果。

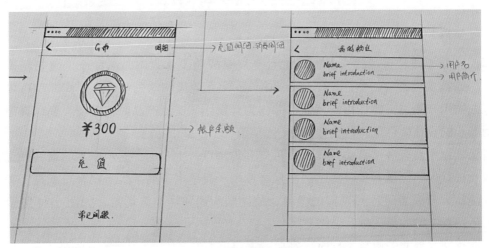

图 6-22　交互界面草图效果

2. 低保真原型

低保真原型是从草图进一步发展而来的，它包含更多的细节，但仍不需要高度精细化。这种原型通常使用简单的设计工具（如线框图工具或原型设计软件）制作，可以包括界面的基本布局、文本和图片等元素，但颜色、字体和图形等视觉设计元素通常保持非常基础或抽象。低保真原型主要用于初步的用户测试和验证产品概念，便于团队讨论和改进设计。

低保真原型具有相对快速、易于理解、易于修改等特点。低保真原型主要关注功能和布局，而不过分关注视觉设计。低保真原型一般适用于功能验证和测试、用户测试和反馈收集、跨团队协作和沟通、展示给非设计背景的团队成员或利益相关者等场景。如图 6-23 所示为交互界面低保真原型效果。

图 6-23　交互界面低保真原型效果

3. 高保真原型

高保真原型是接近最终产品的详细且高度完成的设计版本。这种原型包括精确的布局、详尽的视觉元素（如颜色、字体、图标）、交互效果和动画等。高保真原型可以用来进行详细的用户测试，评估用户体验，并作为开发团队实现产品时的蓝图。高保真原型通常使用专业的设计软件创建，比如 Sketch、Adobe XD 或 Figma。

高保真原型具有高度真实、详细、可交互等特点，主要用于展示产品的最终外观和感觉，以及进行用户测试和验收测试。高保真原型一般适用于展示给潜在客户或投资者、用户验收测试、开发者进行开发前的参考、跨团队沟通和协作等场景。如图 6-24 所示为交互界面高保真原型效果。

在选择交互界面的原型类别时，需要遵循以下原则。

（1）在项目初期，可以使用草图来快速捕捉想法和验证概念。

（2）当需要验证功能和布局时，低保真原型是一个很好的选择，因为它能够快速制作并修改。

（3）当产品接近发布或需要进行用户验收测试时，高保真原型能够提供更加真实的产品体验。

请注意，不同的项目、团队和阶段可能需要不同的保真度原型。设计师和项目经理应该根据项目的具体需求和资源来选择合适的保真度原型。

图 6-24　交互界面高保真原型效果

子任务 6.2.3　设计工具与软件

在交互设计领域，选择合适的软件工具对于提高工作效率和产出质量至关重要。Visio、Teambition、Sketch、Figma、墨刀、Axure RP 和 Adobe XD 等都是常用的交互设计软件，它们各有特点和优势。下面将对这些工具软件进行详细的介绍。

1.Visio

Visio 是微软公司开发的一款图表绘制软件，它适用于制作交互流程图和产品概念图。Visio 的操作简便快捷，可以帮助设计师快速构建和分享复杂的信息。它的模板库丰富，支持多种图表类型，非常适用于企业级应用的流程设计和文档制作。

Visio 在多个领域有广泛应用，如企业管理、工程建设、教学科研等，可以帮助用户直观、高效地表达复杂的信息和流程。Visio 具有以下功能特点。

（1）多种图表类型：Visio 提供了数十种现成的模板和数千种可自定义的形状，用户可以根据需要选择合适的模板和形状进行操作。

（2）实时协作：Microsoft 365 中的 Visio 支持团队在任意位置进行可视化协作，以促进有效的决策制定、数据可视化和流程执行。

（3）辅助功能：Visio 支持各种辅助功能，包括讲述人、辅助功能检查器和高对比度支持，确保 Visio 图表可供所有人使用。

（4）强大的绘图功能：支持拖动式绘图，用户可以任意拖动各种形状，以组合出自己需要的图形，大大提高了绘图效率。

（5）智能数据分析：支持数据连接和数据可视化，用户可以将外部数据源连接到 Visio 图形中，通过图形直观地展示数据。

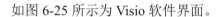

如图 6-25 所示为 Visio 软件界面。

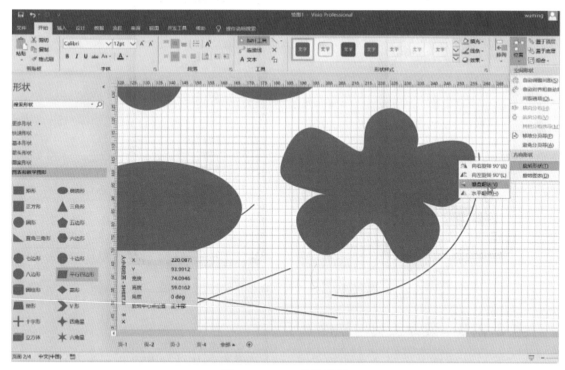

图 6-25　Visio 软件界面

2.Sketch

Sketch 是一款流行的图形设计软件，主要用于用户界面（User Interface，UI）和用户体验（User Experience，UX）设计。它提供了许多用于创建图标、界面布局、网页原型等的工具和功能。Sketch 是由 Bohemian Coding 公司开发的，并广受设计师欢迎。Sketch 特别适合 Mac 用户，也适用于 UI/UX 设计、图标设计、网页设计等多种场景。不过 Sketch 软件需要购买许可证才能使用。

3.Figma

Figma 是一款基于 Web 平台的在线协作 UI 设计软件，支持全平台操作系统，适合各种场景下的使用。Figma 软件界面是全英文的，对于英文不好的设计师有一定的使用门槛。如图 6-26 所示为 Figma 在线设计页面。

Figma 软件的核心功能如下。

（1）在线编辑与管理：无须下载安装，通过浏览器访问，在线编辑管理设计文件。

（2）实时协作：实现产品经理、UI/UX 设计师、前端开发人员的同步协作，团队可以实时对设计图进行反馈评论。

（3）自动输出设计标注与切图：提升开发对设计图的还原度。

图 6-26　Figma 在线设计页面

4. 墨刀

墨刀是一款在线的原型设计工具，它支持快速构建移动应用和网页应用的原型。墨刀的特点是操作简便，学习成本低，非常适合初学者使用。它还支持云端保存和团队协作，便于设计师之间的交流和共享。

墨刀适用于产品经理、设计师、开发、销售、运营及创业者等用户群体。无论是在产品想法展示、向客户收集产品反馈、向投资人进行 Demo 展示，还是在团队内部进行协作沟通、项目管理等方面，墨刀都能提供有效的支持。如图 6-27 所示为墨刀在线设计页面。

图 6-27　墨刀在线设计页面

墨刀的主要功能如下。

（1）原型设计：墨刀允许用户通过简单拖动和设置，将想法和创意快速转换为产品原型。

（2）交互设计：用户可以轻松实现页面跳转、复杂交互等，为原型添加多种手势和转场效果，以提供逼真的产品体验。

（3）高保真原型：墨刀可以制作高保真产品原型，帮助用户更好地展示和演示产品设计思路。

（4）团队协作：作为一款协作平台，墨刀支持项目成员协作编辑、审阅原型，提高团队效率。

（5）自动标注及切图：墨刀可以将 Sketch 设计稿上传并自动获取标注信息，支持一键下载多倍率切图，推进开发进程。

（6）丰富的素材库：墨刀内置了丰富的行业素材库，用户可以创建自己的素材库和共享团队组件库，便于高频素材的复用。

5.Axure RP

Axure RP 是一款专业的快速原型设计工具，由美国 Axure Software Solution 公司开发。该设计工具能够帮助负责定义需求和规格、设计功能和界面的专家快速创建应用软件或 Web 网站的线框图、流程图、原型和规格说明文档。它支持多人协作设计和版本控制管理，使得团队能够更高效地合作。

商业分析师、信息架构师、产品经理、IT 咨询师、用户体验设计师、交互设计师、UI 设计师、架构师、程序员等也在使用 Axure RP。如图 6-28 所示为 Axure RP 软件界面。

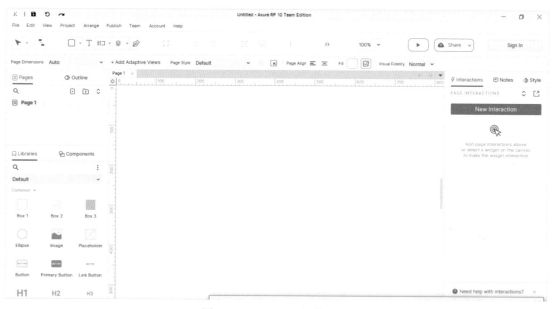

图 6-28　Axure RP 软件界面

Axure RP 软件的主要功能如下。

（1）界面功能：Axure RP 的界面包含多个面板和区域，如主菜单和工具栏、站点地图面板、控件面板、模块面板、线框图工作区、页面注释和交互区、控件交互面板以及控件注释面板等。这些面板和区域提供了丰富的功能，使用户能够方便地创建和管理项目。

（2）简单的分享：Axure RP 允许用户将图表和原型发布到云端或本地的 Axure Share，只需发送一个链接（和密码），其他人就可以在浏览器中查看项目。

（3）快速灵活的图解：用户可以快速地从内置或自定义库中拖动元件来创建图表，包括流程图、线框图等。

（4）创建原型，无须编码：使用条件逻辑、动态内容、动画等功能来创建原型，无须编写任何代码。

（5）更简单的团队合作：Axure RP 支持多人同时处理同一个文件，可以在 Axure Share 或 SVN 上创建"团队项目"，并使用签入和签出系统管理更改。

6.Adobe XD

Adobe XD 是一款由 Adobe 公司推出的专业用户体验（UX）和用户界面（UI）设计软件，旨在帮助设计师创建交互式数字产品原型。如图 6-29 所示为 Adobe XD 软件界面。

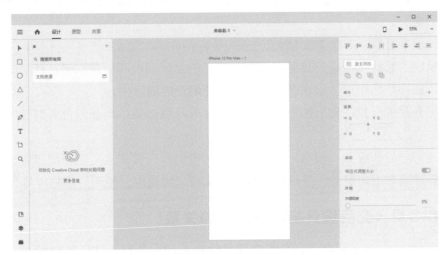

图 6-29　Adobe XD 软件界面

Adobe XD 具有以下功能。

（1）设计功能：允许用户创建灵活的设计，以适应各种屏幕尺寸和分辨率。平台提供了预设模板和 UI 元素，方便用户在设计过程中加速迭代和精细化设计。设计师可以导入各种图形资源，如图片、矢量图形和颜色样本，并直接在工作区编辑。

（2）原型功能：使用户能够创建一个互动性强、看起来像真实应用程序或网页的设计原型。支持各种交互模式，如点击、滑动、拖动等，帮助设计师实现丰富而流畅的动画效果。

（3）共享功能：允许用户快速与团队成员、客户或利益相关者分享他们的设计和原型。支持一键生成在线链接，允许其他人查看、评论和测试原型。

任务 6.3　交互设计与用户体验

交互设计和用户体验是两个密切相关但又有各自独立性的设计领域，在产品设计过程

新媒体制作技术

中都扮演着至关重要的角色。一个好的交互设计是实现良好用户体验的基础，它们相互依存、相互促进，共同致力于提升产品的整体质量和用户满意度。

子任务 6.3.1　用户体验概述

用户体验是用户在使用产品的过程中建立起来的一种纯主观感受。这种感受涵盖用户在使用一个产品或系统之前、使用期间和使用之后的全部感受，包括情感、信仰、喜好、认知印象、生理和心理反应、行为和成就等各个方面。简而言之，用户体验就是"这个东西好不好用，用起来方不方便"。

用户体验受多种因素影响，主要包括系统、用户和使用环境。系统性能、用户状态（如技能、期望、目标等）以及使用环境的状况（如物理环境、社会环境等）都会对用户体验产生影响。

用户体验具有以下 3 个重要性。

（1）反映产品质量：用户体验可以反映产品的健康状况和质量水平，从而影响用户的购买决策。提高产品用户体验水平，有助于保证用户的满意度。

（2）提升品牌形象：优质的用户体验能够提升品牌形象，增强消费者对品牌的认可度和忠诚度。

（3）改善产品和服务：根据用户体验中反映出的问题和需求，企业可以对比自身技术决策，改善产品和用户服务，降低维护成本，从而节约费用，使用户满意度持久提升。

子任务 6.3.2　交互设计与用户体验的关系

交互设计（Interaction Design）是定义和设计人造系统行为的设计领域，它关注两个或多个互动的个体之间交流的内容和结构，使之互相配合，共同达成某种目的；而用户体验（User Experience）是用户在使用产品或服务过程中建立起来的一种纯主观感受，涵盖使用前、使用期间和使用之后的全部感受。交互设计是实现良好用户体验的基础。它通过合理设置和布局用户界面，提供清晰的操作指导和系统反馈，使用户能够轻松、愉快地与产品或服务进行互动。良好的用户体验是交互设计的目标和评判标准。交互设计的最终目的是创造出符合用户期望和需求的体验，而用户体验的好坏则直接反映了交互设计的成功与否。

因此，在进行交互界面或产品设计时，需要充分考虑交互设计与用户体验的关系，通过不断优化和改进交互设计来提升用户体验的水平和质量。下面将详细讲解交互设计如何影响用户体验和怎么优化交互设计以提升用户体验两个方面的内容。

1. 交互设计如何影响用户体验

交互设计对用户体验的影响是显著且多方面的。下面对交互设计如何影响用户体验进行详细介绍。

（1）提升易用性：交互设计关注用户与产品之间的交互方式，通过设计简洁、直观的

界面和操作流程，使用户能够轻松、快速地完成所需的任务。这种易用性能够减少用户的学习成本，提高用户的工作效率，从而为用户带来更好的体验。

（2）强化用户反馈：交互设计注重用户反馈的即时性和准确性。当用户进行操作时，系统能够提供明确的反馈，如按钮点击后的动画效果、操作成功的提示信息等。这种反馈能够增强用户对系统的掌控感，减少用户的焦虑感，提升用户体验。

（3）个性化定制：交互设计可以通过用户研究和分析，了解用户的喜好和需求，从而提供个性化的产品和服务。例如，通过用户的历史搜索记录、购买行为等数据，为用户推荐符合其兴趣的内容或产品。这种个性化定制能够增强用户的满意度和忠诚度，提升用户体验。

（4）增强情感连接：交互设计不仅关注产品的功能实现，还注重用户的情感需求。通过设计富有情感和温度的产品界面和交互方式，能够增强用户与产品之间的情感连接，使用户在使用产品时感受到更多的乐趣和满足感。

（5）优化用户体验流程：交互设计可以通过优化用户体验流程，减少用户在使用产品时的操作步骤和等待时间，提高用户的工作效率。例如，通过合理的页面布局和导航设计，使用户能够快速地找到所需的信息或功能；通过优化加载速度和响应时间，减少用户的等待时间。这种优化能够提升用户的满意度和忠诚度，增强产品的市场竞争力。

（6）关注用户反馈与持续改进：交互设计是一个持续迭代和改进的过程。设计师需要关注用户的反馈和需求变化，及时调整和优化设计方案。通过不断地进行用户测试和评估，可以发现和解决产品中存在的问题和不足，从而提升用户体验的质量和水平。

综上所述，交互设计通过提升易用性、强化用户反馈、个性化定制、增强情感连接、优化用户体验流程和关注用户反馈与持续改进等方面来影响用户体验。这些影响能够使产品更加符合用户的期望和需求，提高用户的满意度和忠诚度，从而增强产品的市场竞争力。

2. 优化交互设计以提升用户体验

优化交互设计以提升用户体验是一个关键的过程，它涉及多个方面的考虑和改进。通过以下操作可以帮助设计师优化交互设计以提升用户体验。

（1）深入了解用户：进行用户研究，了解目标用户的需求、行为、偏好和痛点。这可以通过问卷调查、用户访谈、用户观察、焦点小组等方式进行。创建用户画像，明确目标用户群体的特征和需求，以便在设计中更好地满足他们的期望。

（2）简化操作流程：减少不必要的步骤和复杂性，使用户能够更快速地完成任务；采用直观的操作方式和界面元素，使用户能够轻松地理解并使用产品；提供明确的引导和反馈，帮助用户了解当前的状态和下一步操作。

（3）一致性原则：在整个产品中保持设计的一致性，包括界面布局、色彩、字体、图标等。这有助于用户更快地熟悉产品，并减少混淆和误解。保持用户交互的一致性，使用户在不同的页面或功能中能够采用相似的操作方式。

（4）提供个性化体验：根据用户的偏好和需求，提供个性化的界面和功能。例如，根据用户的搜索历史推荐相关内容；允许用户自定义设置，如调整字体大小、颜色等，以满足他们的个性化需求。

（5）强调可用性和可访问性：确保产品在不同设备和浏览器上的兼容性和可访问性，以便更多用户能够轻松使用；提供明确的错误提示和帮助文档，帮助用户解决问题和完成任务。

（6）优化反馈机制：提供及时的反馈，让用户了解他们的操作是否成功以及下一步应该怎么做；使用动画和过渡效果来增强反馈的视觉效果，提高用户的参与度。

（7）测试与迭代：在设计过程中进行多次测试，包括可用性测试、用户测试等，以发现潜在问题和改进空间。根据测试结果进行迭代和优化，持续改进产品的交互设计和用户体验。

（8）考虑情感化设计：在设计中融入情感元素，如有趣的动画、温馨的提示等，以增强用户的情感体验。关注用户的情感需求，通过设计来传递积极的情绪和价值。

（9）遵循设计原则：遵循一些基本的设计原则，如费茨定律、接近性原则、一致性原则等，以提高设计的有效性和可用性。

（10）跨平台优化：确保交互设计在不同平台（如手机、平板电脑、计算机等）上都能提供一致且优秀的体验。考虑到不同设备的特性和用户习惯，进行针对性的优化。

通过综合考虑以上方面，设计师可以优化交互设计以提升用户体验。记住，好的交互设计不仅关注功能的实现，更关注用户的需求和感受。通过深入了解用户并持续改进设计，可以创造出更加优秀的产品体验。

子任务 6.3.3　用户体验评估与优化

用户体验评估与优化是一个系统性的过程，旨在通过一系列的方法和工具来评估产品或服务的用户体验，并根据评估结果进行优化和改进。下面将对用户体验评估与优化的详细步骤与方法进行介绍。

1. 用户体验评估方法

用户体验评估方法包含用户调研、用户测试、可用性评估、A/B 测试等，如图 6-30 所示。

图 6-30　用户体验评估方法

下面对用户体验的评估方法进行详细介绍。

1）用户调研

用户调研包含访谈、问卷调查和数据分析3种方法。其中，访谈是指通过面对面的交流，深入了解用户的需求、期望、使用习惯等；问卷调查是指发放问卷，收集大量用户的反馈数据，用于分析用户的行为和偏好；数据分析是分析用户在使用产品或服务过程中产生的数据，如浏览量、点击率、跳出率等，以了解用户的行为模式和喜好。

2）用户测试

用户测试包含原型测试和功能测试两种测试方法。其中，原型测试是指在产品开发早期阶段，让用户测试产品的原型，收集他们的反馈和建议；功能测试是指在产品开发后期阶段，测试产品的各项功能是否正常运行，并收集用户的使用体验和反馈。

3）可用性评估

可用性评估包含用户界面评估、任务绩效评估和专家评审3种方法。其中，用户界面评估用于评估产品的界面设计是否简洁、直观、易于操作；任务绩效评估用于评估用户在使用产品时完成任务的效率和成功率；专家评审则是邀请行业专家对产品的设计、功能、性能等方面进行评审。

4）A/B测试

A/B测试可以设计两种或多种不同版本的方案，让用户分别体验并收集反馈。通过数据分析比较不同版本方案的用户体验和效果，选择最佳方案。

5）眼动追踪

使用眼动追踪技术记录用户在使用产品时的注视点和注视时间，分析用户在界面上的注意力分布和关注点，优化产品的信息架构和界面设计。

6）情景模拟

情景模拟可以模拟用户使用场景和情境，观察用户的行为和反应，发现用户在特定情境下的需求和问题，指导产品的设计和优化。

2. 用户体验优化策略

用户体验优化具有以下7种策略，下面分别进行介绍。

（1）用户研究与分析：分析用户调研和测试的结果，了解用户的需求和期望，以及使用产品或服务时遇到的问题。根据分析结果制定用户体验优化策略。

（2）界面设计优化：简化界面设计，提高界面的直观性和易用性。优化导航和信息架构，帮助用户快速找到所需的内容。采用响应式设计，确保产品在不同设备和屏幕尺寸上都能良好展现。

（3）个性化推荐和定制化体验：分析用户数据和行为模式，向用户提供个性化的内容、推荐和服务。允许用户自定义设置，满足他们的个性化需求。

（4）快速响应和支付流程优化：优化网站或应用程序的性能，确保页面加载速度快，操作流程流畅；简化支付流程和提供多种支付方式，提高用户的支付体验。

（5）持续优化和改进：建立用户反馈机制，定期收集用户反馈和建议。根据用户反馈和数据分析结果，持续优化和改进产品。

（6）借助 AI 技术提升体验：利用 AI 技术进行数据分析，更精准地了解用户需求和行为模式。开发智能推荐系统、聊天机器人等智能功能，为用户提供更加人性化、个性化的服务。

（7）关注数据隐私和安全：加强数据保护措施，确保用户数据的安全和隐私，提高产品的安全性，减少用户的安全顾虑。

通过以上步骤和方法，可以全面评估和优化用户体验，提升产品或服务的竞争力和用户满意度。

子任务 6.3.4　常见交互实战体验案例分享

在交互设计领域，实战体验案例是学习和启发的重要资源。下面分享一些常见的交互实战体验案例，帮助用户快速提升交互设计水平。

（1）每日优鲜：提供隐藏的会员权益，增加用户黏性。用户在"我的页面"可以发现额外的优惠和特权，如图 6-31 所示。

图 6-31　每日优鲜交互设计效果

（2）支付宝：数字激活转账功能，减少误操作率。在聊天页面输入数字时，会弹出转账提醒，如图 6-32 所示。

（3）个人所得税：录入生僻字提示功能，帮助用户快速录入姓名中的生僻字，降低时间成本，如图 6-33 所示。

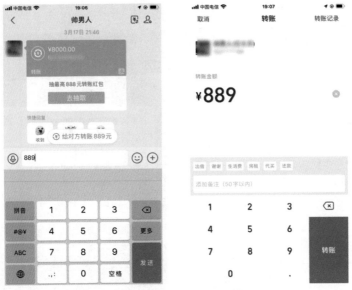

图 6-32 支付宝交互设计效果

图 6-33 个人所得税交互设计效果

（4）顺丰快递：自动粘贴地址功能，简化用户填写寄件信息的步骤。系统可自动获取并粘贴复制的地址信息，如图 6-34 所示。

（5）QQ 红包：趣味新玩法，如 K 歌、自制表情包、成语接龙等，结合现有技术增加互动性和竞争性，如图 6-35 所示。

通过剖析这些优秀产品的交互设计精华和亮点，不仅提升了产品的用户体验和竞争力，也为我们提供了宝贵的设计启示和灵感。读者可以不断探索和提炼这些优秀的设计元素和理念，做出更好的产品设计。

图 6-34　顺丰快递交互设计效果

图 6-35　QQ 红包交互设计效果

项目实训　交互设计与用户体验案例分析

　　在数字化快速发展的今天，交互设计在提升用户体验中起到了举足轻重的作用。本次案例分析将聚焦一个在线零售平台——"乐淘集"购物网，该平台通过一系列交互设计优化措施，显著提升了用户体验，进而增强了用户黏性和销售额。

1. 案例概述

"乐淘集"购物网是一家知名的在线零售平台，为了在竞争激烈的市场中脱颖而出，该平台在 2023 年进行了全面的交互设计优化。经过深入的用户研究和数据分析，平台针对用户在使用过程中的痛点和需求，进行了有针对性的设计改进。

2. 交互设计与用户体验优化措施

交互设计与用户体验优化措施如下。

（1）简洁直观的界面设计：界面采用扁平化设计风格，去除冗余元素，使用户能够快速定位所需的功能；优化商品展示页面，通过高清图片和详细的参数信息，提升用户的购物体验。

（2）智能化搜索与推荐系统：引入 AI 技术，优化搜索算法，提高搜索结果的准确性和相关性；根据用户的购物历史和浏览行为，为用户提供个性化的商品推荐，提高购买转化率。

（3）流畅便捷的购物流程：简化购物车和结算流程，减少用户操作步骤，提高购物效率；提供多种支付方式，满足不同用户的需求和习惯。

（4）实时反馈与帮助中心：在用户购物过程中提供实时反馈，如库存信息、物流进度等，增强用户对购物过程的掌控感；设立帮助中心，为用户提供详细的购物指南和常见问题解答，解决用户在使用过程中遇到的问题。

（5）社交元素与互动体验：引入社交功能，如用户评价、晒单分享等，增强用户之间的互动和信任；举办线上活动，如限时抢购、满减优惠等，激发用户的购物欲望和参与度。

3. 案例分析结果

经过上述交互设计优化措施的实施，"乐淘集"购物网的用户体验得到了显著提升。具体表现在以下几个方面。

（1）用户满意度提升：根据用户调研数据，平台优化后的用户满意度提升了 15%。

（2）购买转化率提高：通过 A/B 测试发现，优化后的平台购买转化率提高了 20%。

（3）用户黏性增强：平台的日活跃用户数和月活跃用户数均有所增长，用户黏性得到了增强。

（4）销售额增长：在优化措施实施后，平台的销售额实现了 22% 的增长。

4. 总结与启示

"乐淘集"购物网通过交互设计优化，成功提升了用户体验和销售额。这一成功案例为其他在线零售平台提供了有益的启示。

（1）深入了解用户需求是交互设计优化的前提和基础。

（2）简洁直观的界面设计、智能化搜索与推荐系统、流畅便捷的购物流程、实时反馈

与帮助中心以及社交元素与互动体验是提升用户体验的关键因素。

（3）交互设计优化需要持续进行，不断适应市场和用户的变化。

在未来的发展中，"乐淘集"购物网将继续关注用户体验的改进和提升，不断优化交互设计，为用户提供更加优质的购物体验。

项目总结

本项目介绍了交互设计的基础与核心原则，深入探讨了交互界面设计的各个方面，包括界面设计基础、交互界面原型的分类以及常用的设计工具与软件。同时，本项目还着重讲解了交互设计与用户体验之间的紧密联系，包括用户体验的评估与优化方法，并通过分享常见的交互实战体验案例，让读者深入理解其实际应用。通过本项目的学习，读者可以掌握交互设计的基础知识、界面设计的专业技能，以及如何运用这些知识来提升用户体验，从而能够独立完成交互设计与用户体验的案例分析，为未来的实践工作打下坚实基础。

项目 7　新媒体直播技术

　　在移动互联网时代，网络直播作为新兴的创业风口，吸引了各行各业的广泛参与，并逐步走向专业化和精细化。新媒体直播技术融合了新媒体的传播广度与直播的实时互动优势，为用户带来了全新的信息获取与交流体验。本项目专注于新媒体直播技术的讲解，涵盖直播技术基础、直播间搭建、内容策划及营销推广等关键环节，旨在帮助读者快速掌握新媒体直播的核心知识，有效应用于直播营销与推广实践中。

本项目学习要点 --

- ● 掌握直播技术的基础知识
- ● 掌握直播间的搭建方法
- ● 掌握直播内容策划技巧
- ● 掌握直播的营销与推广技巧

任务 7.1 　直播技术基础

直播从业者在进行网络直播前必须掌握一些直播相关的基础知识，以获得更好的直播效果。本节将详细讲解直播技术、流媒体技术、音视频处理技术和互动技术的相关基础知识。

子任务 7.1.1 　直播技术概述

直播技术是指利用网络传输技术，将实时的音视频信号通过互联网传输到观众端，实现实时的音视频直播。它允许观众通过互联网实时观看主播所创造的内容，这种实时的互动性和传播性使得直播技术在现代互联网应用中占据了重要地位。

1. 直播技术的特点

新媒体直播技术具有实时性、互动性、多样性和高效性等特点，如图 7-1 所示。

下面对新媒体直播技术的各个特点进行介绍。

图 7-1 　直播技术的特点

- 实时性：新媒体直播技术能够实时传输视频信号，让观众在第一时间获取到最新的信息。这种实时性特点使得新媒体直播在新闻报道、体育赛事、娱乐节目等领域具有得天独厚的优势。

- 互动性：与传统媒体相比，新媒体直播具有更强的互动性。观众可以通过弹幕、评论、点赞等方式与主播进行实时互动，表达自己的观点和看法。这种互动性不仅提高了观众的参与感，也为主播提供了更多的反馈和互动机会。

- 多样性：新媒体直播技术的多样性体现在其传播渠道和终端设备的多样性上。观众可以通过计算机、手机、平板电脑等多种设备观看直播内容，同时也可以通过社交媒体等渠道分享和传播直播信息。

- 高效性：新媒体直播技术利用先进的网络技术和传输协议，实现了高效、稳定的视频传输。这种高效性不仅提高了直播的观看体验，也降低了直播的成本和门槛。

2. 直播技术的原理与流程

直播技术涉及多个环节，包括视频采集、编码、传输、解码和播放等，每个环节都有其特定的技术原理和实现方式。

- 视频采集：通过摄像头或其他视频采集设备将现实中的场景转换成数字信号。在这一过程中，视频采集设备会对模拟信号进行数字化处理，并进行色彩校正、降噪等处理，以保证采集到的视频质量。

- 视频编码：采集到的视频信号会经过压缩算法进行编码，以减小视频数据的大小，提高传输效率。常见的视频编码标准包括 H.264、H.265 等，它们通过对视频信号进行空间和时间上的压缩，实现了高效的视频传输和存储。

● 视频传输：视频数据会通过网络传输到观众端。在传输过程中，会使用到网络传输协议、传输控制协议（Transmission Control Protocol，TCP）和用户数据报协议（User Datagram Protocol，UDP）等。TCP 保证了数据的可靠传输；而 UDP 则提供了更快速的数据传输速度，适合实时的视频传输。

● 视频解码：观众端在接收到视频数据后，会通过解码器将视频数据解码成可视的视频信号，并通过显示设备展现给观众。

● 视频播放：解码后的视频信号会在观众端的播放设备上进行显示，同时提供音频输出，使观众能够实时观看直播内容。

3. 直播技术的发展历程

直播技术的发展历程可以分为 4 个阶段，分别是广播直播阶段、电视直播阶段、网络直播阶段和高速全媒体直播阶段，如图 7-2 所示。

下面具体介绍直播技术的发展历程。

图 7-2　直播技术的发展历程

1）广播直播阶段

直播作为一种媒介播放传播的方式，其起源可以追溯到早期的广播直播。广播直播通过无线电波将声音信号实时传输给广大听众，满足人们对即时信息的需求。广播直播具有"远""广""快"的特点，能够在短时间内将信息传播到较远的地区，覆盖广泛的听众群体。

2）电视直播阶段

电视直播阶段发展于 20 世纪 80 年代初，主要运用卫星直播技术开展电视直播。但视频直播技术在更早期已有应用，如 1938 年英国广播公司（British Broadcasting Corporation，BBC）首次进行的新闻现场直播。电视直播通过图像和声音的双重传播，使观众能够更直观地感受到现场的氛围和情境。这一阶段的直播形式包括现场直播、演播室访谈式直播等。

3）网络直播阶段

网络直播阶段发展于 2005 年，并在 2016 年呈井喷式发展。网络直播主要依赖于流媒体技术、P2P 技术和 4G 直播技术。流媒体技术使用户能够边下载边观看视频，实现实时传输；P2P 技术则优化了网络资源的利用，提高了直播的流畅度。

网络直播具有真实性、实时性、互动性等特点。观众可以通过弹幕、评论等方式与主播进行实时互动，增强了观看体验。随着网络直播技术的发展，网络直播在教育、娱乐、电商等多个领域得到了广泛应用。例如，网络直播教学成为在线教育的重要形式之一，直播带货则推动了电商行业的发展。

4）高速全媒体直播阶段

高速全媒体直播是指充分运用新技术、新手段，集合"声屏报网"全平台，实现手机、电视、网络以及客户端全覆盖的直播方式。这一阶段的直播技术更加注重高清画质、低延迟和互动体验的提升。5G技术的全面普及为高速全媒体直播提供了更好的网络支持。通过5G网络的高速、低延迟和大带宽特性，直播内容可以实现更高质量的即时传输和流畅播放。在高速全媒体直播阶段，观众可以享受到更加清晰、流畅的直播内容，提高观看体验。同时，直播平台也将更加注重内容的多样性和个性化推送，以满足不同观众的需求。

子任务 7.1.2　直播流媒体技术

流媒体又叫流式媒体，是指采用流式传输的方式在 Internet 上播放的媒体格式，如音频、视频或多媒体文件。它并不是一种新的媒体，而是一种新的媒体传送方式。流媒体技术允许用户不必下载整个文件，只需经过几秒或几十秒的启动延时即可进行观看，同时文件的剩余部分会在后台继续下载。

直播流媒体技术是指通过互联网实时传输音视频数据，使用户能够在线观看直播内容的技术。这种技术广泛应用于各种直播场景，如体育赛事、音乐会、在线教育、电商直播等。

1.流媒体传输协议

流媒体传输协议是指一系列用于在互联网上实时传输音频、视频等多媒体数据的协议。这些协议在流媒体技术中扮演着至关重要的角色，负责确保多媒体数据能够稳定、连续地传输到客户端，并提供良好的用户体验。常见的流媒体传输协议有 RTP、RTCP、RTSP、HLS 和 MPEG-DASH 等，如图 7-3 所示。

1）RTP

RTP（Real-time Transport Protocol，实时传输协议）是一个由 IETF（The Internet Engineering Task Force，国际互联网工程任务组）提出的网络传输协议，用于为 IP 网上的音频、视频、传真等多种需要实时传输的多媒体数据提供端到端的实时传输服务。RTP 提供时间信息和流同步，但本身并不保证服务质量

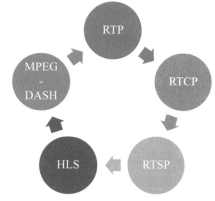

图 7-3　常见的流媒体传输协议

（Quality of Service，QoS），QoS 由 RTCP（Real-time Transport Control Protocol，实时传输控制协议）来提供。RTP 通常使用 UDP 传送数据，但也可工作在 ATM 或 TCP 等协议上。RTP 常与 RTCP 一起使用，为流媒体系统提供最佳的传输效率。RTP 报文由报头和有效载荷组成，其中报头包含版本号、时间戳、序列号等信息，用于同步和控制数据流。

2）RTCP

RTCP 是由 IETF 定义的一个与 RTP 配套的协议，负责管理传输质量，提供流量控制和拥塞控制服务。RTCP 本身并不传输数据，而是与 RTP 一起合作，监控服务质量并传送正在进行的会话参与者的相关信息。RTCP 为 RTP 流媒体提供信道外（out-of-band）控制，通过定期发送控制包来收集反馈信息，如丢包率、延迟等，以调整传输策略。

3）RTSP

RTSP（Real-time Streaming Protocol，实时流协议）是由 RealNetworks 和 Netscape 共同提出的应用层协议，用于控制实时流媒体传输。它定义了点对多点应用程序如何有效地通过 IP 网络传送多媒体数据。RTSP 本身不传输媒体数据，而是通过控制连接建立命令和控制，媒体数据通过其他协议（如 RTP）传输。RTSP 支持多种传输方式，包括单播、组播和广播，并提供了丰富的控制命令，如播放、暂停、快进等。RTSP 协议常用于 IP 摄像头、监控系统、视频会议等需要实时流传输的场景。

4）HLS

HLS（HTTP Live Streaming）是基于 HTTP 的流媒体传输协议，使用切片（chunk）的方式传输媒体数据。HLS 将媒体文件切分成小的 TS（Transport Stream）文件，并通过 HTTP 传输。客户端通过播放列表（playlist）获取切片并播放，支持自适应比特率，即客户端可以根据网络条件选择最佳的切片质量。HLS 常用于移动设备、Web 浏览器等环境，因其良好的兼容性和自适应能力而受到广泛应用。

5）MPEG-DASH

MPEG-DASH（Dynamic Adaptive Streaming over HTTP）是基于 HTTP 的自适应比特率（ABR）流媒体传输协议，允许客户端根据网络状况选择最佳的媒体质量。与 HLS 类似，MPEG-DASH 也将媒体文件切分成小的分段，并通过 HTTP 传输。但它提供了更丰富的功能和更好的灵活性，如支持多种编码格式和容器格式、支持多语言字幕等。MPEG-DASH 支持多种设备和网络环境，适用于自适应流媒体传输，是当前流媒体领域的主流技术之一。

这些流媒体传输协议各有特点和应用场景，在实际应用中可以根据具体需求选择合适的协议或协议组合来实现流媒体传输。

2. 编码与解码技术

直播流媒体编码与解码技术是直播技术中至关重要的组成部分，它们共同确保了视频内容的高效传输和高质量播放。

1）流媒体编码技术

流媒体编码是指将音视频等多媒体数据通过特定的算法和格式进行压缩处理，以减少数据占用的带宽和存储空间，同时尽量保持音视频的质量。这是为了在有限的网络带宽条件下，实现音视频数据的实时传输和流畅播放。

目前，国际上主流的视频编码标准包括 ITU-T 和 MPEG 组织制定的 H 系列和 MPEG 系列标准。常用的视频编码算法有 MPEG-4、H.263、H.264（也称为 AVC）以及更先进的 H.265（HEVC）等。这些算法通过去除视频数据中的冗余信息，实现高效的压缩。

流媒体编码技术的编码方式主要分为硬编码和软编码两种。

- 硬编码：使用专门的硬件（如 GPU）进行编码处理，具有速度快、效率高的优点，但灵活性相对较差。
- 软编码：使用 CPU 等通用处理器进行编码计算，灵活性高，但编码速度相对较慢，且对 CPU 资源消耗较大。

直播流媒体的编码流程通常包括音视频采集、预处理、编码压缩和封装等步骤。其中，编码压缩是核心环节，它决定了音视频数据的压缩比和质量。

2）流媒体解码技术

流媒体解码是编码的逆过程，即将压缩后的音视频数据还原为原始的音视频信号，以便在播放器上进行播放。解码技术的优劣直接影响音视频播放的质量和流畅度。

解码方式同样分为硬解码和软解码两种。

- 硬解码：使用专门的硬件（如 GPU 内置的解码器）进行解码处理，具有速度快、效率高的优点，且能减轻 CPU 的负担。
- 软解码：使用 CPU 等通用处理器进行解码计算，灵活性高，但解码速度相对较慢，且对 CPU 资源消耗较大。

解码流程通常包括解封装、解码和音视频同步等步骤。首先，从接收到的数据流中解封装出音视频数据；然后，分别对音视频数据进行解码处理；最后，将解码后的音视频数据进行同步处理，确保音视频播放的同步性。

在直播领域，流媒体编码与解码技术被广泛应用于音视频数据的实时传输和播放。通过采用高效的编码算法和优化的解码技术，可以在保证音视频质量的前提下，实现低延迟、高流畅的直播体验。同时，随着网络技术的不断发展和设备性能的提升，流媒体编码与解码技术也在不断进步和完善，为直播行业带来了更多的可能性和创新。

3. 流媒体服务器与 CDN

流媒体服务器与 CDN（Content Delivery Network，内容分发网络）在流媒体传输中扮演着重要且互补的角色。下面对流媒体服务器与 CDN 进行详细介绍。

1）流媒体服务器

流媒体服务器是流媒体应用的核心系统，是运营商向用户提供视频服务的关键平台。它负责对流媒体内容进行采集、缓存、调度和传输播放。

流媒体服务器的主要功能如下。

- 采集：从视频采集设备或软件接收实时视频流。

- 缓存：存储流媒体内容，以便快速响应用户的请求。
- 调度：根据用户需求和网络状况，智能调度流媒体内容的传输。
- 传输播放：以流式协议（如 RTP/RTSP、RTMP 等）将视频文件传输到客户端，供用户在线观看。

流媒体服务器通常采用多种协议与客户端进行通信，如 RTP/RTSP、RTMP 等。这些协议支持实时数据流的传输，确保音视频内容的连续性和实时性。同时，流媒体服务器还需要具备高并发处理能力，以应对大量用户的同时访问。

2）CDN

CDN 是为加快网络访问速度而建立在现有网络之上的分布式网络。它依靠部署在全球各地边缘节点的服务器群，通过负载均衡、内容发布、内容管理和内容存储等功能，提高用户访问网站的速度和质量。

CDN 的主要功能如下。

- 负载均衡：将用户请求分散到多个 CDN 节点上，实现负载均衡和容错能力。
- 内容缓存：将媒体内容缓存在靠近用户的节点上，以便快速响应用户的请求。
- 内容分发：利用智能调度技术，根据用户的地理位置、网络状况等因素，选择最佳的 CDN 节点进行媒体内容的分发。
- 内容管理：对 CDN 节点上的内容进行管理，包括更新、删除等操作。

3）CDN 与流媒体服务器的关系

- 互补作用：流媒体服务器提供流媒体内容的原始存储和传输服务，而 CDN 则通过在全球范围内的节点缓存和分发这些内容，提高用户访问的速度和质量。两者共同构成了流媒体传输的完整链条。
- 协同工作：当用户请求流媒体内容时，CDN 首先尝试从最近的缓存节点提供内容。如果缓存节点中没有所需的内容，CDN 会向流媒体服务器请求内容，并将其缓存到最近的节点上以供后续用户访问。这种协同工作机制确保了流媒体内容的高效传输和快速响应。

流媒体服务器与 CDN 在流媒体传输中各自承担不同的角色和功能，但它们之间又存在紧密的联系和互补关系。流媒体服务器提供流媒体内容的原始存储和传输服务，而 CDN 则通过全球范围内的节点缓存和分发这些内容，提高用户访问的速度和质量。两者共同协作，为用户提供流畅、高质量的流媒体体验。

子任务 7.1.3　直播音视频处理技术

直播音视频处理技术是一个复杂且关键的技术领域，它涉及音视频数据的采集、编码、传输、解码和渲染等多个环节。

1. 音视频数据采集

下面对音视频数据采集分别进行介绍。

- 音频数据采集：音频数据采集通常使用麦克风作为输入设备，将环境中的声音信号转换为数字信号。这一过程需要保证音频信号的清晰度和准确性，以便后续处理。
- 视频数据采集：视频数据采集则主要依赖摄像头等视频采集设备，将图像信号转换为数字信号。高清摄像头或专业的视频采集设备能够提供更清晰、更稳定的视频源。

2. 音视频编码

下面对音视频编码分别进行介绍。

- 音频编码：音频编码是将原始音频数据压缩成较小的文件格式，以便在网络上传输和存储。常见的音频编码标准有 AAC、MP3 等。在直播平台中，通常使用实时音频编码技术，以保证音频的实时性和流畅性。
- 视频编码：视频编码则是将原始视频数据压缩成较小的文件格式。常见的视频编码标准有 H.264、H.265 等。实时视频编码技术能够确保视频数据的实时传输和流畅播放。

3. 音视频传输

音视频传输时需要考虑传输协议和 CDN 加速两个因素。

- 传输协议：音视频传输需要借助适当的传输协议，如 RTSP、RTP、RTCP 等。这些协议负责将编码后的音视频数据通过网络传输到接收端。
- CDN 加速：为了提高用户的访问速度和体验，直播平台通常会采用 CDN 加速技术。CDN 能够将音视频数据分发到全球各地的 CDN 节点，从而缩短用户与数据之间的距离。

4. 音视频解码

音视频解码是多媒体处理中的一个重要环节，通过解码技术可以将压缩的数字音视频数据还原为原始的图像和音频信号。下面将对音视频解码的关键技术分别进行介绍。

1）音频解码关键技术

音频解码的关键技术包含有反量化与反 PCM 编码、逆变换和多声道处理。

- 反量化与反 PCM 编码：将量化的音频数据恢复为原始的 PCM 数据。
- 逆变换：将频域表示的音频数据转换回时域表示的音频信号。
- 多声道处理：对于多声道音频数据，需要进行声道分离、合并等处理，以恢复出原始的音频信号。

2）视频解码关键技术

视频解码的关键技术包含有逆量化、反变换、运动补偿、帧间预测和环路滤波。

- 逆量化：恢复像素值的过程，是量化过程的逆操作。

- 反变换：恢复频域信号的过程，用于恢复图像的细节和边缘信息，是变换过程的逆操作。
- 运动补偿：利用视频帧之间的时间相关性来恢复原始视频，是视频压缩中常用的技术之一。
- 帧间预测：去除时间冗余并提高视频质量，通过预测当前帧与前一帧或后一帧之间的差异来减少数据量。
- 环路滤波：对重建图像进行滤波处理，以减少图像的失真和噪声，提高图像质量。

5. 音视频同步技术

音视频同步（Audio-Video Synchronization）也常被称为口唇同步（Lip Sync），是指在播放过程中，图像与声音的播放时间保持一致，使得观众感觉到图像与声音是同时发生的。

音视频同步是影音体验中的关键因素，对于提升观众满意度、增强内容传达效果、提高用户留存率等方面具有重要影响。当音频和视频之间的同步丢失时，会严重影响观众的观看体验，甚至可能导致观众对内容的误解和不满。

为了确保音视频同步，直播音视频处理技术通常采用以下几种方法。

- 时间戳同步：在音视频数据中嵌入时间戳，标明数据所属的时间。接收端根据时间戳来同步音视频数据。如果音频和视频的时间戳不一致，接收端会根据时间戳的差值来调整音视频的播放速度，以确保音视频同步。
- 缓冲机制：在接收端设置缓冲区，用于存储接收到的音视频数据。当缓冲区中的数据达到一定数量时，再开始播放音视频数据。通过设置合适的缓冲区大小，可以有效减少网络延迟和抖动对音视频同步的影响。
- 帧率控制：通过控制音频和视频的播放帧率来实现同步。如果音频和视频的帧率不一致，接收端会根据帧率的差值来调整音视频的播放速度。帧率控制适用于处理音视频的漂移问题，即音视频的播放速度不匹配导致的同步失效。
- 编码和解码：采用特定的编码和解码算法（如 H.264 和 AAC）来确保音视频在编码和解码过程中的同步，避免在编码和解码过程中出现音视频不同步的情况。
- 网络优化：通过优化网络传输协议和网络带宽来减少网络延迟和抖动对音视频同步的影响。选择合适的网络传输协议（如 TCP 或 UDP），可以根据实际情况调整网络带宽和传输策略。
- 硬件加速：利用硬件设备（如 GPU）来加速音视频处理的过程，提高音视频同步的效率和稳定性。加速视频解码和渲染等过程，减少音视频不同步的情况。

6. 其他关键技术

直播音视频处理技术还包含实时通信、版权保护和内容审核等关键技术，下面分别进行介绍。

- 实时通信：直播平台中的实时互动功能（如弹幕、连麦互动等）需要借助实时通信技术来实现。这些技术能够确保用户之间的实时通信和互动。

- 版权保护：直播平台需要保护主播和用户的版权，因此需要采用数字水印技术、加密技术等手段来防止音视频数据的非法传播和复制。
- 内容审核：为了保证直播内容的合法性和健康性，直播平台需要对直播内容进行审核。这通常需要使用人工智能技术、图像识别技术等手段来自动识别和处理违规内容。

子任务 7.1.4　直播互动技术

直播互动技术是在视频直播中增加互动功能，使观众能够实时与主播进行语音、视频或其他形式的交流，从而大幅提升直播的参与度和趣味性。下面将对直播互动技术进行详细的讲解。

1. 直播互动技术的含义与原理

直播互动技术是在视频直播应用中增加互动效果，使主播能够实时与观众进行语音或视频形式的互动，从而改变传统的单向直播模式，实现双向互动。

直播互动技术具有 4 个原理，如图 7-4 所示。

下面对直播互动技术的原理进行详细介绍。

图 7-4　直播互动技术的原理

- 音视频采集与编码：通过计算机或手机上的音视频输入设备（如摄像头和麦克风）实时录制音视频流，并进行编码处理。
- 数据传输：将编码后的音视频数据包通过直播协议（如 RTMP、WebRTC 等）实时发送给服务器。
- 服务器分发：服务器接收音视频流后，通过流媒体协议（如 HLS、RTMP 等）将数据包实时分发给观看直播的用户。
- 终端解码播放：观看的终端（如手机、计算机等）通过直播协议实时请求数据包，并进行解码播放，同时支持观众与主播的实时互动。

2. 弹幕技术

弹幕技术最早出现在动漫和游戏领域，观众可以在视频画面上发送弹幕留言，这些留言以滚动的方式展示在视频画面上。在直播场景中，弹幕技术允许观众实时发送文字、表情、图片等内容，与其他观众和主播进行互动。弹幕技术具有以下特点。

- 实时互动：观众可以即时发送弹幕，与其他观众和主播进行实时交流，增加直播的趣味性和互动性。
- 情感表达：弹幕成为观众表达情感、观点和看法的直接途径，增强了观众的参与感和归属感。
- 商业价值：弹幕内容可以包含品牌信息或推广语，增加品牌曝光和影响力。同时，通过弹幕互动游戏或优惠券发放等方式，可以引导观众进行购买或注册等营销行为，提升转化率。

3. 礼物打赏系统

礼物打赏系统是直播平台中观众向主播表达喜爱和支持的一种方式。观众可以通过购买平台上的虚拟礼物，并将其赠送给主播，主播则可以在直播过程中展示这些礼物，并表达感谢。礼物打赏系统具有以下特点。

- 情感表达：礼物打赏成为观众情感表达的直接途径，增强了观众与主播之间的互动和联系。
- 经济激励：礼物打赏为主播带来了直接的经济收益，激励了主播更加努力地进行直播创作。
- 品牌曝光：企业可以根据自身品牌特色定制专属礼物，通过礼物打赏实现品牌曝光和用户情感链接的双重契机。
- 商业模式创新：结合积分兑换、数据分析等工具，礼物打赏系统可以形成良性循环的盈利模式，促进直播生态的健康发展。

4. 观众互动工具

观众互动工具是直播平台上用于增强观众参与感和互动性的辅助工具。投票和问答是其中最常见的两种形式。投票允许观众对某个问题或选项进行投票选择；问答则允许观众向主播提出问题，主播进行解答。观众互动工具具有以下特点。

- 提升参与度：投票和问答等互动工具激发了观众的参与热情，使他们更加积极地参与到直播中。
- 增加趣味性：通过投票和问答等互动环节，可以增加直播的趣味性和观赏性，使直播内容更加丰富多样。
- 收集反馈：问答环节可以帮助主播收集观众的反馈和建议，了解观众的需求和期望，从而优化直播内容和提升直播质量。
- 设计评审：与开发团队共同进行设计评审，确保设计方案的可行性和准确性。

任务 7.2 搭建直播间

一场成功的直播受很多因素的影响，直播间便是其中之一。直播间不仅能够为直播提供基础的技术支持，还能够显著提升观看体验，吸引用户观看直播。

子任务 7.2.1 直播间硬件准备

硬件设备是帮助直播开展、提升直播质量的实用工具，缺少了这些硬件设备，不仅呈现的画面和音频效果会大打折扣，有时还会影响直播的顺利进行。因此，在搭建直播间时，要准备好所需的硬件设备，保证直播的整体展示水平，提升直播的质感。

常见的直播间硬件设备有基础设备、传输与连接设备、音频设备、灯光设备和其他设备等，下面将分别进行介绍。

1. 基础设备

常见的基础设备有相机 / 手机、支架、摄像头和计算机等。

1）相机 / 手机

相机：对于追求高清画质的直播间，建议选择具备 4K 高清画质、对焦速度快且精准的相机，并搭配合适的镜头。这样的配置能够确保直播画面的清晰度和色彩还原度。

手机：对于入门级或预算有限的直播间，手机也是一个不错的选择。建议选择像素高、画质清晰、处理器性能强、电池容量大且支持 5G 网络的手机。苹果手机在直播中常因其色彩还原度高、直播速度流畅稳定而受欢迎。

2）支架

手机支架是常见的直播辅助工具，支架底部带有螺母的底板，可以固定在桌面或架子上，支架的杆身能够根据拍摄的需要自由调节拍摄角度，如图 7-5 所示。

使用手机支架的好处在于它能固定拍摄工具，主播不用自己举着手机，而且在直播过程中可以方便快捷地调整拍摄角度。但手机支架与手机云台的区别在于，手机云台可以自动完成镜头的转动，而手机支架

图 7-5　支架

需要主播手动进行调整。因此，在进行全景画面拍摄时，使用手机云台更加方便。而手机支架则更加适合用来拍摄特写画面，如美妆带货直播、珠宝带货直播等，主播只需要拍摄近距离的画面。

3）摄像头

在直播带货中，高清摄像头的重要性不言而喻。高清摄像头通常指的是分辨率达到 720P 及以上的摄像头，使用高清摄像头可以确保画面清晰，避免模糊不清的情况，高清摄像头还能够快速提升直播的质感和专业度，观众可以通过清晰的画面更好地观察产品的外观和了解产品的性能。

4）计算机

直播间的计算机配置需要较高，建议选择配备高性能处理器的计算机，如 i5、i7 或更高配置的 CPU。同时，显卡性能也很重要，建议选择独立显卡，如 GTX1650 或更高配置，以保证直播的流畅性。内存建议至少 16GB，硬盘则推荐使用固态硬盘以提升软件开启的流畅性。

2. 传输与连接设备

传输与连接设备包含视频传输高清连接线、视频采集卡（可选）等，下面分别介绍。

1）视频传输高清连接线

用于连接相机 / 手机和计算机，实现画面传输，如图 7-6 所示。选择高质量的视频传输线可以确保画面传输的稳定性和清晰度。

2）视频采集卡

如果使用手机直播并希望将手机画面投屏到计算机进行更高级的编辑和推流，可以考虑使用视频采集卡，如图 7-7 所示。将手机与计算机通过采集卡连接后，可以在计算机上进行直播画面的编辑和推流。

图 7-6　视频传输高清连接线　　　　图 7-7　视频采集卡

3. 音频设备

音频设备是重要的直播设备，清晰的声音传达对直播也很重要。直播不同于短视频，它是没有字幕的，如果音频不够清晰，再精湛的话术和专业的产品介绍都难以传达给用户，更不用说带货了。

1）麦克风

麦克风是直播中不可或缺的音频设备。在带货直播中，主播声音的感染力非常重要，使用麦克风能够更好地将主播的情绪传达给用户，调动用户的情绪，从而实现直播间氛围的升温。对于带货直播来说，无线领夹麦克风因其方便隐藏和收音效果好而备受青睐。

2）声卡

声卡又名音频卡，是常用的音频设备，它能够通过外置接口实现声音的转换输出，是带货主播必不可少的设备之一。

好的声卡能够提升所录制声音的效果，让声音更加立体，使音色和音调更加自然动听。声卡会配备专门的调音台，能够对声音进行调节，并能在直播过程中添加各类氛围音效，如图 7-8 所示。

图 7-8　声卡

3）防喷罩

防喷罩是用来保护传声器的工具，如图 7-9 所示。由于直播中主播需要不停地说话，尤其是在距离较近的情况下，传声器很容易由于喷出的唾沫或水汽而受潮，减短使用寿命，给传声器加上一个防喷罩是有必要的。而且，防喷罩还可以有效规避"喷麦"等情况，使录制的声音更加顺耳、清晰。

4）监听耳机

监听耳机是返送原始音频的设备，如图 7-10 所示。它在直播中的作用是让主播实时听到自己真实的声音，对自己的声音能够有所把握，从而可以及时进行音量、吐字等调整，优化直播的观看体验。

图 7-9　防喷罩

4.灯光设备

良好的直播画面会受到布景、光线等因素的影响，而光线是可以通过人为调节来把控的。因此，要想为用户提供良好的观看体验，灯光设备必不可少。

1）主灯

主灯是整个直播间的主要光线来源，一般采用影视灯＋柔光箱的组合方式。主灯放置在主播前方，用于照亮主播的面部。

图 7-10　监听耳机

2）辅灯

辅灯用于辅助主光的光线，增加整体立体感。一般采用影视灯＋球形灯罩的组合方式，放置在主播的侧面。

3）轮廓灯/背景灯

轮廓灯（逆光）在主播身后位置放置，用于勾勒出主播的轮廓；背景灯则用于照亮背景和塑造氛围。

5.其他设备

其他设备有绿幕和直播一体机等，下面分别进行介绍。

1）绿幕

绿幕用于抠图并添加更多虚拟背景，为直播间增添更多创意和可能性。

2）直播一体机（可选）

对于新手和预算有限的直播间来说，直播一体机是一个不错的选择。它集摄像、收音、导播等多种直播功能于一体，使用简单方便且稳定性高。

子任务 7.2.2　直播间软件配置

虽然直播带货尚且是一个新兴行业，但直播本身已经发展到相对成熟的阶段，不仅直播平台越来越多，直播软件和各种插件也争相诞生，为直播提供了更多的可能，也为直播带货提供了便利。

直播间软件配置是直播过程中不可或缺的一环，主要包括直播软件的选择与安装、设置与调试，以及对软件功能的详细介绍与使用指南。

1.直播软件选择与安装

在选择和安装直播软件时，用户需要综合考虑多种因素，包括软件的功能、用户评价、安全性、兼容性以及个人需求等。

1）直播软件选择

常用的直播软件有以下几种。

- OBS（Open Broadcaster Software）：OBS 是一款广泛使用的开源直播软件，支持 Windows、Mac 和 Linux 系统。它功能强大，可以进行视频捕获、实时视频内容混合和编码，并支持多种直播平台和流媒体服务。OBS 的自定义程度高，可以根据直播需求详细地设置和优化。
- Streamlabs OBS：基于 OBS 开发，但提供了更多内置功能和更友好的用户界面。Streamlabs OBS 集成了许多流行的直播工具，如聊天窗口、提示、捐赠提示等，使直播过程更加便捷。
- XSplit：另一款功能强大的直播软件，支持多场景切换、视频编辑、音频混合等功能。XSplit 提供了广泛的插件和集成选项，可以满足不同直播场景的需求。
- 平台专用直播软件：如抖音直播伴侣、快手直播伴侣等，这些软件通常与特定平台深度集成，提供了一键开播、弹幕互动等便捷功能。

2）直播软件安装

下面以安装 OBS 直播软件为例，详细介绍其安装方法。

（1）在 OBS 官方网站上搜索并下载 OBS 软件，选择 .exe 安装程序，右击，在弹出的快捷菜单中选择"打开"命令，如图 7-11 所示。

（2）打开 OBS 软件程序的安装对话框，单击 Next 按钮，如图 7-12 所示。

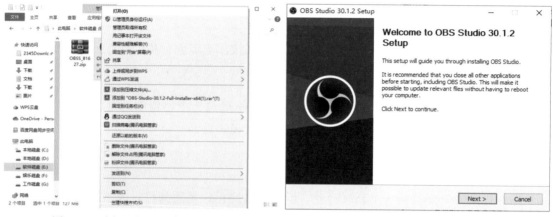

图 7-11　选择"打开"命令　　　　　　　　　图 7-12　单击 Next 按钮

（3）进入下一个界面，单击 Next 按钮，如图 7-13 所示。

（4）进入下一个界面，设置好安装路径，单击 Next 按钮，如图 7-14 所示。

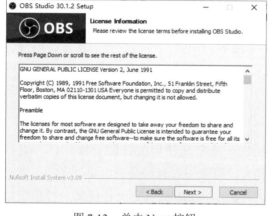 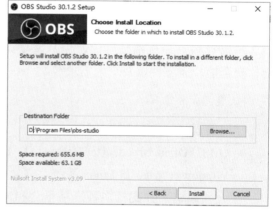

图 7-13　单击 Next 按钮　　　　　　　　　图 7-14　设置安装路径

（5）进入下一个界面，开始安装 OBS 软件程序，并显示安装进度，如图 7-15 所示。

（6）稍后进入安装完成界面，单击 Finish 按钮，如图 7-16 所示，完成软件程序的安装。

2. 直播软件设置与调试

在开始正式直播前，为了确保直播间粉丝的观看体验，运营者需要对画面和音频进行一系列的设置与调试，让画面保持稳定流畅，音频保持清晰、音量适中。直播软件的设置包含基础设置、场景和来源设置，以及混音器音频设置等。

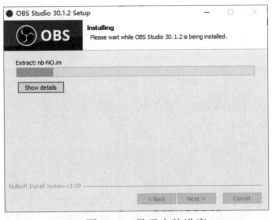

图 7-15　显示安装进度　　　　　　　　　　图 7-16　单击 Finish 按钮

1）基础设置

在 OBS 软件中，需要在"设置"菜单调整各项参数，包括直播设置中的服务器和推流码输入，输出模式设为高级，并合理选择编码器和比特率来平衡直播清晰度和网络稳定性。在音频设置中，一般将声道设为单声道，视频设置则需要根据直播需求调整分辨率和帧率。

基础设置的具体操作步骤如下：

（1）在菜单栏中执行"文件"→"设置"命令，如图 7-17 所示。

（2）打开"设置"对话框，在左侧列表框中选择"输出"选项，在右侧选项区中修改"输出模式"为"简单"、"视频码率"为 3000、"音频码率"为 320，如图 7-18 所示。

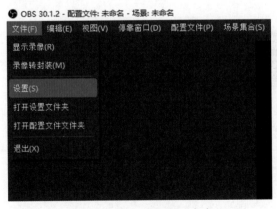

图 7-17　执行"设置"命令　　　　　　　　图 7-18　设置"输出"参数

（3）在"设置"对话框的左侧列表框中选择"音频"选项，在右侧对应的选项区中修改"采样率"为 44.1kHz，在"桌面音频"列表框中选择合适的音频设备，如图 7-19 所示。

（4）在"设置"对话框的左侧列表框中选择"视频"选项，在右侧对应的选项区中修改"基础（画布）分辨率"参数为1920×1080、"输出（缩放）分辨率"为1920×1080，如图7-20所示，单击"确定"按钮，完成软件程序的基础设置。

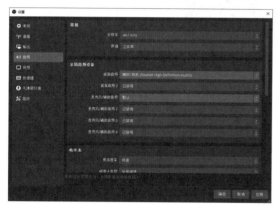

图7-19 设置"音频"参数

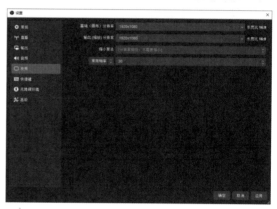

图7-20 设置"视频"参数

2）场景和来源设置

设置场景和来源的具体操作步骤如下：

（1）在OBS主界面的"场景"面板中单击"添加场景"按钮，如图7-21所示。

（2）打开"添加场景"对话框，在"请输入场景名称"文本框中输入场景名称，单击"确定"按钮，如图7-22所示，即可添加场景。

图7-21 单击"添加场景"按钮

图7-22 输入场景名称

（3）在"来源"面板中单击"添加源"按钮，展开列表框，选择"场景"命令，如图7-23所示。

（4）打开"创建或选择源"对话框，选中"添加现有"单选按钮，选择"场景"选项，单击"确定"按钮，如图7-24所示，即可添加内容来源。

（5）根据需要调整每个来源的大小、位置和透明度，以实现个性化的直播画面布局。

提示：直播来源可以分为静态来源、音频来源、视频来源和组合来源，每种来源有其特定用途。例如，视频采集设备多用于摄像头捕获，而窗口采集则适用于捕获程序窗口画面。此外，色度键（抠图）滤镜常用于绿幕实时抠图，使主播能够在直播时将绿幕背景替换为其他场景。

图 7-23 选择"场景"命令

图 7-24 选择来源

3）混音器音频设置

使用"高级音频设置"功能可以对混音器的音频进行设置，下面将介绍具体的操作步骤。

（1）在"混音器"面板中单击"高级音频设置"按钮，如图 7-25 所示。

（2）打开"高级音频设置"对话框，依次取消勾选"麦克风/Aux"和"桌面音频"选项右侧的 3、4、5 复选框，如图 7-26 所示，单击"关闭"按钮，完成混音器音频的设置。

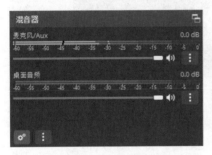

图 7-25 单击"高级音频设置"按钮

图 7-26 取消勾选复选框

4）设置推流

在 OBS 的"设置"对话框中选择左侧的"直播"选项，在右侧的对应选项区中单击"推流码"按钮，展开文本框，填写相应的服务器地址和推流码，如图 7-27 所示，单击"连接账户"按钮，即可将直播内容推送到平台上。

图 7-27 设置推流

3. 直播软件功能介绍与使用

OBS 界面看起来复杂，但主要分为菜单栏、预览区、"场景"面板、"来源"面板、"混音器"面板、"转场动画"面板和"控制按钮"面板等多个部分，如图 7-28 所示。菜单栏位于界面的最上方，用于显示 OBS 软件的功能菜单；预览区位于界面中央，用于实时预览直播或录制的内容，这里展示的是即将被观众看到或录制下来的画面；"场景"面板、"来源"面板、"混音器"面板、"转场动画"面板和"控制按钮"面板等位于界面的下方，用于对直播的场景、来源、转场动画等进行设置。

图 7-28　OBS 界面

OBS 提供了丰富的滤镜和特效选项，包括裁剪 / 填充、色彩校正、增益和噪声阈值等。这些滤镜和特效可以帮助主播优化直播画面和音频质量，提升观众体验。

子任务 7.2.3　直播间场景布置

直播间是连接主播与用户的中转站，大部分用户对主播的印象都是从主播的外貌和直播间布景中获得的。因此，直播间布景也至关重要。

1. 室内直播布景

直播间的布景多种多样，比如淡雅小清新、雍容华贵、简约简单、严肃正式等。主播应根据直播内容来确定具体的布置方式。这里以常见的美妆类直播间和服饰类直播间布景为例，讲解室内直播布景的要点。

1）美妆类直播间

直播场地的大小基本都在 5 ～ 20m²，具体大小根据产品特点来确定。例如，美妆类直播间的产品镜头一般停留在 1 ～ 2 个人的面部，10m² 足够。如图 7-29 所示的美妆直播间，主要由一名主播不露脸展示美妆产品，背景则选取了琳琅满目的美妆展示柜，给人留下了直播间内美妆产品多、种类齐的印象。

2）服饰类直播间布景

如果是服装产品的直播，镜头须由近到远地展示各类产品及模特穿搭效果，一般需要15m² 左右的场地。例如，某服饰类直播间不仅可以看到主播试穿服装的效果，还能近距离查看服装细节，让用户更全面地了解服装，如图 7-30 所示。

图 7-29　美妆直播间　　　　　图 7-30　服装直播间

2. 室外直播布景

与室内直播相比，室外直播时虽然不需要过多装饰，但室外直播的选景也很有学问，必须选择与直播内容相契合的场景，才能对直播起积极作用。例如，某生鲜产品的抖音直播间，主营水蜜桃。当主播在介绍水蜜桃这一产品时，选择来到水蜜桃种植地，如图 7-31 所示。这样的直播场景，主要是让观众直观地看到水蜜桃的生长环境以及蜜蜂围着水蜜桃飞的场景，突出水蜜桃种植环境好、甜度高等特色，激发观众的购买欲望。

图 7-31　某农产品直播间截图

子任务 7.2.4　直播间测试与优化

直播间测试与优化是确保直播质量、提升观众体验的重要环节。下面将分别从直播流畅度测试、音视频质量评估、直播间环境调整与优化 3 个方面进行详细讲解。

1.直播流畅度测试

直播流畅度测试的主要目标是检查直播过程中是否存在卡顿、延迟、断流等问题，确保直播内容能够连续、稳定地传输给观众。

直播流畅度的测试步骤如下。

（1）准备阶段：选择合适的直播平台（如抖音、快手、B 站等），注册账号并创建直播间。确保网络环境良好，设备配置足够，测试人员专业。

（2）配置阶段：根据测试目标配置直播间，包括调整直播画质、音质、码率等参数。同时，确保直播软件或硬件设备的设置正确无误。

（3）测试阶段：在直播间进行直播测试，观察直播画面是否流畅，声音是否清晰。可以邀请一定数量的观众参与测试，收集他们的反馈意见。

（4）分析阶段：根据测试结果进行分析，统计出错率、延迟时间等关键指标。如果发现问题，及时调整设备或网络设置，并重新进行测试。

在进行直播流畅度测试时，要确保网络环境稳定，避免在高峰期或网络拥堵时段进行测试，测试过程中应关闭其他占用网络资源的应用程序，以减少干扰。还要进行多次测试以获取更准确的数据，并考虑不同设备和网络环境下的表现。

2.音视频质量评估

音视频质量评估主要从清晰度、音质、同步性等方面进行评价。清晰度包括分辨率和帧率等指标；音质关注声音的清晰度、噪声水平和音质稳定性；同步性则是指音视频内容的同步程度。

音视频质量的评估方法如下。

● 主观评估：邀请一定数量的观众或专业人士观看直播内容，并对音视频质量进行评分或给出反馈意见。这种方法能够反映人的主观感受，但可能存在个体差异。

● 客观评估：使用专业的音视频质量评估工具或软件，对直播内容进行量化分析。常见的评估指标包括峰值信噪比（Peak Signal-to-Noise Ratio，PSNR）、结构相似性（Structural Similarity Index，SSIM）等。这种方法具有可重复性和标准化特点，但无法完全反映人的主观感受。

在评估完成后，根据评估结果调整直播画质和音质参数，如提高分辨率、降低码率或优化音频编码方式等，并确保音视频内容的同步性，避免出现音视频不同步的现象。最后定期检查和维护直播设备，确保设备性能稳定可靠。

3.直播间环境调整与优化

直播间测试与优化是一个综合性的工作，需要从环境布局、氛围营造和技术支持 3 个方面进行综合考虑和优化。通过科学的方法和有效的措施，可以确保直播内容的高质量传输和观众的良好体验。

1）环境布局

- 背景选择：选择与直播内容相符的背景墙或装饰物，避免杂乱无章或过于单调的背景。背景颜色应与主播肤色和服装颜色相协调，以突出主播形象。
- 灯光设置：合理布置灯光设备，确保主播面部光线充足且柔和。避免直射光或阴影对主播形象造成不良影响。
- 空间布局：根据直播内容合理规划直播间空间布局。例如，产品展示类直播需要设置展示台或货架，教育培训类直播则需要设置讲台或黑板等教学设施。

2）氛围营造

- 音乐选择：选择与直播内容相符的背景音乐或音效，营造轻松愉悦或专业严谨的氛围。
- 互动环节：设置互动环节，如抽奖、问答等，增加观众参与度和黏性。
- 主播形象：主播应保持良好的形象和态度，穿着得体、妆容自然，与观众保持良好的沟通和互动。

3）技术支持

- 设备调试：在直播前对摄像头、麦克风等设备进行调试和检查，确保设备性能稳定可靠。
- 网络保障：确保网络连接稳定可靠，避免因网络波动导致的直播卡顿或中断现象。
- 软件更新：定期更新直播软件和硬件设备驱动程序，以确保系统稳定性和安全性。

任务 7.3　直播内容策划

想要提升直播间的人气和商品销量，需要提前做好内容策划，包括内容定位、主题策划、流程规划及直播脚本准备等。

子任务 7.3.1　直播内容定位

直播内容的定位是直播成功的关键，它是一个综合性的过程，需要深入分析受众、明确目标用户、选择合适的内容类型，并结合市场需求、自身优势、目标用户喜好和商业化潜力等因素进行综合考虑。只有这样，才能打造出具有吸引力和竞争力的直播内容，实现直播的成功。

1. 受众分析与目标用户

受众分析与目标用户是指在直播内容定位过程中，对潜在观众进行深入理解和细分，以明确直播内容应针对哪些特定群体进行优化和调整。

1）受众分析

● 年龄、性别、职业：了解目标受众的年龄分布、性别比例以及职业特点，有助于更精准地定位直播内容。例如，年轻人可能更喜欢潮流、时尚、游戏等内容，而家庭主妇可能更关注母婴、家居、美食等内容。

● 兴趣爱好：分析受众的兴趣爱好，以便选择与之相符的直播内容。通过社交媒体、问卷调查等方式收集受众的兴趣数据，为内容定位提供依据。

● 消费习惯：了解受众的消费习惯和消费能力，有助于制定合适的商业策略，如直播带货等。

2）目标用户确定

● 明确用户画像：基于受众分析的结果，构建清晰的目标用户画像，包括年龄、性别、职业、兴趣、消费习惯等特征。例如，在斗鱼直播平台，用户主要分布在全国各地，男性占比较大，且年龄主要集中在 25 ～ 35 岁。

● 定位核心用户：在广泛的受众群体中，识别并定位核心用户群体，即那些最有可能成为忠实观众和消费者的用户。

2. 直播内容类型选择

直播内容的类型多种多样，包括娱乐、教育、购物等，如表 7-1 所示。

表 7-1　直播内容类型

直播类型	特点	直播内容	常用直播平台
娱乐类直播	娱乐性强，观众互动度高，适合年轻用户群体	才艺表演（如歌唱、舞蹈、乐器演奏）、互动游戏、搞笑段子等	斗鱼、虎牙、YY 等
教育类直播	知识性强，观众黏性高，适合有学习需求的用户群体	专业知识分享（如编程、外语、艺术）、技能培训（如烹饪、健身）、在线课程等	网易云课堂、千聊、荔枝微课、小鹅通等
购物类直播（电商直播）	商业性强，转化率高，适合有购物需求的用户群体	产品介绍、使用演示、优惠活动、直播带货等	淘宝、京东、拼多多等
生活日常直播	以分享日常生活、个人经历为主，强调真实性和亲切感	美食制作、家居装修、旅游攻略等	抖音、快手、微信等
公益直播	开展公益活动、传播正能量	直播筹款、教育、宣传、助力脱贫攻坚等	精准科普视频号、央视频、小红书、B 站、百度、YY、中国知网等

3. 综合考虑因素

在选择直播内容类型时，还需要综合考虑以下因素。

● 市场需求：分析当前市场的热门内容和趋势，选择具有潜力的内容类型。

- 自身优势：结合主播或团队的特长和优势，选择能够发挥自身优势的内容类型。
- 目标用户喜好：根据目标用户的兴趣和需求，选择符合其喜好的内容类型。
- 商业化潜力：考虑内容类型的商业化潜力，选择能够带来商业收益的内容类型。

子任务 7.3.2　直播主题策划

直播主题策划是确保直播内容吸引人、与目标受众产生共鸣并促进互动与转化的关键环节。直播主题的策划需要紧密结合热门话题与趋势，同时注重独特创意和主题设计。通过精准定位目标受众、深入挖掘产品特点、创新直播形式和内容，可以有效提升直播的吸引力和转化率。在实际操作中，还需要根据直播数据和观众反馈进行不断调整和优化，以达到最佳效果。

1. 热门话题与趋势分析

直播热门话题与趋势分析需要综合考虑社会大事件、观众兴趣点、市场动态以及技术应用等多个方面。通过深入分析和精准把握，可以策划出符合市场需求、引起观众兴趣的直播内容。

1）直播的热门话题挖掘

在进行直播时，可以将社会大事件、节日、热门影视作品和明星艺人等作为热门话题进行直播。例如，中秋节、国庆节等传统节日，以及奥运会、世界杯等国际盛事，都是直播内容的丰富来源；热门影视作品和明星艺人也是直播内容的重要来源。主播可以围绕这些作品和明星设计直播内容，如剧情解读、角色分析、幕后花絮等。常见的热门话题有时尚与美容、美食与烹饪、旅游与冒险、科技与数码以及游戏与娱乐等，如图 7-32 所示。

下面将对常见的热门话题进行介绍。

- 时尚与美容：通过关注国际时装周的新品发布、流行色彩、设计师访谈等，介绍最新上市的护肤、彩妆产品，分享使用心得和化妆技巧。还可以设置问答环节，邀请观众提问关于时尚搭配或美容护肤的问题。

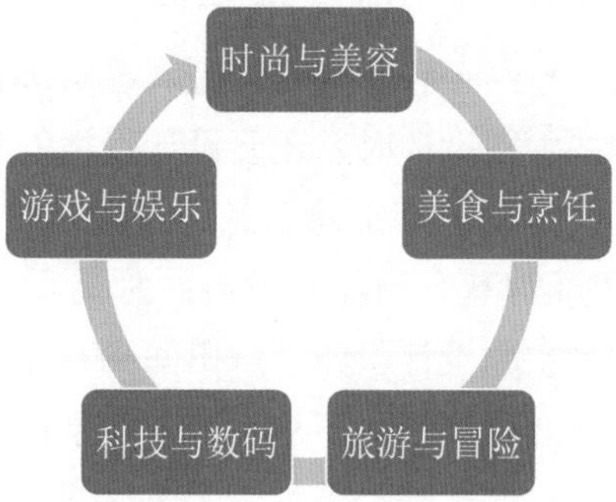

图 7-32　常见的热门话题

- 美食与烹饪：结合地域特色或节日节气，推广热门菜系和特色小吃，并在直播时，详细讲解美食烹饪的制作过程，分享食谱和烹饪技巧，吸引烹饪爱好者。还可以通过美食探店，品尝并推荐新餐厅，分享美食体验，增加观众的美食探索欲。

- 旅游与冒险：通过直播热门旅游景点的美景、特色活动、文化体验和户外探险等旅游项目，展示徒步、骑行、攀岩等户外活动的乐趣和挑战。还可以分享高端酒店或特色民宿的入住体验，提供旅行建议。

- 科技与数码：直播最新科技产品的发布会，介绍产品特性和使用体验。通过评测对比，可以对不同品牌的数码设备进行评测和比较，满足科技爱好者的需求。在直播时还可以探讨人工智能、区块链等前沿科技的发展趋势和应用场景。

- 游戏与娱乐：直播热门游戏的玩法和攻略，吸引游戏玩家；分享最新电影的观影感受，讨论剧情和演员表现；还可以进行互动娱乐的直播，例如组织游戏比赛、抽奖活动等，增加观众参与度。

2）观众兴趣点分析

通过对观众年龄、性别、兴趣爱好的分析，可以确定哪些话题最容易引起他们的兴趣。例如，年轻观众可能更关注时尚、娱乐和科技话题，而中老年观众可能对健康、养生和传统文化更感兴趣。直播平台的互动数据，如弹幕、评论、点赞等，也是了解观众兴趣点的重要途径。通过分析这些数据，可以找出观众最关心的话题和问题。

3）市场动态跟踪

定期阅读行业报告和趋势预测，可以帮助主播把握市场动态和发展方向。在艾媒咨询发布的《2024年中国短视频及直播行业研究报告》中显示，直播行业正在经历多元化和专业化的发展趋势，关注竞争对手的直播内容和策略，可以发现市场缺口和潜在机会。例如，如果竞争对手在美食直播方面表现突出，主播可以考虑从其他角度切入，如旅游美食、特色小吃等。

4）虚拟现实与增强现实技术的应用

虚拟现实和增强现实技术的发展为直播行业带来了新的表现形式和体验。观众可以通过虚拟现实设备身临其境地参与到直播中，与主播进行更加真实的互动。这些技术的应用进一步提升了直播的沉浸感和互动性。

2. 独特创意与主题设计

结合目标受众、市场趋势和直播目的，构思具有创意和吸引力的直播主题。在进行直播主题设计时，还要设计直播的开场、高潮和结尾，确保内容连贯且引人入胜。

在进行主题创意设计时，可以通过"品牌+产品+卖点+优惠"进行主题设计，如"品牌秋季新品发布会：时尚女装，优雅设计，限时折扣"直播；可以通过"故事化"进行主题设计，如"从田间到餐桌：揭秘农产品背后的故事"直播；可以通过"节日"进行主题设计，如"双十一狂欢购：品牌家电特惠专场"直播；可以通过"互动挑战"进行主题设计，如"美妆达人挑战赛：谁是最美妆容创造者"直播。

常见的直播主题的创意设计有5种，如表7-2所示。

表7-2 直播主题的创意设计类型

主题类型	主题特点	主题创意
客服型直播	利用 AI 数字人或真人主播，解答消费者问题，介绍品牌产品和服务	通过快速响应和个性化服务，提升品牌形象和顾客满意度

续表

主题类型	主题特点	主题创意
导购型直播	由专业销售人员或导购人员详细介绍产品特点、功能和使用方法	结合场景模拟和实际演示，增强观众的购买欲望和信任感
场景导入型直播	营造特定消费场景或情境，将产品融入其中展示使用效果	通过故事情节或生活场景，引导观众产生代入感和购买需求
教学型直播	由行业专家或顶尖大牛分享知识、技巧和经验	结合互动问答和实操演示，提升观众的专业素养和品牌忠诚度
溯源型直播	展示产品的原材料、生产工艺和加工过程	通过原生态的展示方式，增强消费者对产品品质和安全的信任感

子任务 7.3.3　直播流程规划

在开启一场直播之前，直播运营团队要对直播整体流程进行规划和设计，以保障直播能够顺畅进行。常见的直播流程如图 7-33 所示，涵盖 6 大方面。

图 7-33　常见直播流程

1. 写方案

俗话说，不打无准备的仗，在开启一场直播之前，必须先写好直播方案，将一些抽象思路具体化。直播方案要点包括直播目标、直播简介、人员分工等，下面将分别进行介绍。

● 直播目标：明确直播需要实现的目标、期望吸引的用户人数等。
● 直播简介：对直播的整体思路进行规划与描述，如直播形式、直播平台、直播特点、直播主题等。
● 人员分工：对直播运营团队中的人员进行职责分工。
● 时间节点：明确直播中各个时间节点，如前期筹备时间点、宣传预热时间点、直播开始时间点及直播结束时间点等。
● 预算：规划整场直播活动的预算情况，做到心中有数。

2. 做宣传

直播有时间限制，不像传统的图文营销那样可以不限时、不限次数地查看。因此，要利用好直播的时间段，让营销效果达到最大。这也要求大家在开启直播之前，做好宣传规划工作，如选择合适的宣传平台、选择合适的宣传形式、选择合适的宣传频率等。

常见的宣传平台包括热门社交平台，如微博、微信公众号、抖音、快手等；具体的宣传形式则可以是图文，也可以是视频。至于具体的频率，则需要结合实际情况而定。例如，某知名主播在微信公众号发布的直播预告中详细说明了直播主题、开播时间等内容，如图 7-34 所示。

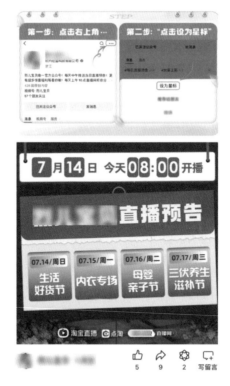

图 7-34　某知名主播在微信公众号发布的直播预告

3. 备硬件

直播离不开硬件设备的支持，如一场直播的场地选择、直播设备选择及直播辅助设备选择等。具体的硬件内容，在前面 7.2 节已经详细讲述过了，这里不再赘述。

4. 开直播

在开启直播前，需要对直播执行环节进行拆解，各个环节的操作要点如下。

（1）直播开场：通过开场互动让用户了解本场直播的主题、内容等，使用户对本场直播产生兴趣，并停留在直播间。

（2）直播过程：借助营销话术、发红包、发优惠券、才艺表演等方式，进一步提升用户对本场直播的兴趣，让用户长时间停留在直播间，并产生购买行为。

（3）直播收尾：向用户表示感谢，并预告下一场直播的内容，引导用户关注直播间，将普通用户转换为直播间的忠实粉丝；引导用户在其他媒体平台上分享本场直播或本场直播中推荐的商品。

5. 再传播

流量是直播的基础条件之一，只有无限放大直播的影响力，才有可能吸引到更多的用户关注。因此，即使是在结束一场直播后，也可以将直播进行二次传播，放大直播效果。例如，很多主播、商家会将直播录制成视频，分享在各大社交平台，其目的就是再次传播。如图 7-35 所示为某直播账号将录制的直播内容分享到新浪微博的截图。

图 7-35 某直播账号将录制的直播内容分享到新浪微博的截图

6. 做复盘

在直播营销中，复盘就是直播运营团队在直播结束后对本次直播进行回顾，评判直播营销的效果，总结直播的经验教训，为后续直播提供参考。

子任务 7.3.4 直播脚本与准备

一场直播成功与否，决定性因素是主播的内容输出。只要直播的内容有特色，就很容易吸引人。那么，如何打造一场成功的直播呢？撰写优质的直播脚本和直播素材是关键因素之一。

1. 直播脚本

脚本是使用一种特定的描述性语言，依据一定的格式编写的可执行文件，又称作宏或批处理文件。这里可以把脚本理解为电影、电视的剧本，用于引导导演、演员协同合作完成一个好作品，并得到广大观众的认可。特别是对主播而言，任何一场直播都应该有备而来，提前策划好直播脚本，提高直播效果。

有直播脚本的主播在推荐某款产品时，能在短短几分钟内说明产品的亮点打动用户，并加以一定的福利活动刺激用户下单。整个过程行云流水，可以说主播卖得开心，用户也买得开心。而有的主播，透过镜头循环往复地重复商品卖点，却得不到什么销量。所以，主播想做好直播，必须会策划直播脚本。生成正常直播脚本，需要结合产品、粉丝、营销策略、时间维度等多个方面。每一场直播都应该有其相应的主题、目标粉丝以及预算等内容，如图 7-36 所示。

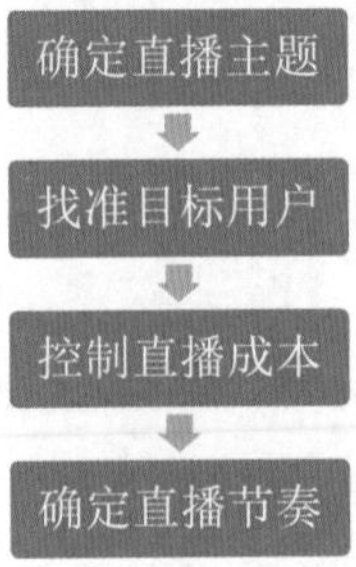

确定直播主题
↓
找准目标用户
↓
控制直播成本
↓
确定直播节奏

图 7-36 直播脚本的主要内容

1）确定直播主题

从一场直播的需求出发，来策划直播主题，例如产品上新、清仓处理等。如果主播每天都直播，也应该策划相应的主题，如从用户的喜好或实时热门事件入手。例如，在2020年初，微博流行淡黄色的裙子穿搭，主播就可以策划一场"盘点人气淡黄色裙子"的主题直播，吸引用户眼球。部分主播为了让直播形成规律化，为特定日期策划了固定主题的内容，如周一和周五是上新日，周二和周四是大促日，周三为茶话会等。

2）找准目标用户

不同的用户兴趣爱好不同，其在线时间也不同，所以，主播在策划一场直播时，需要根据直播主题和目标用户来策划直播的时间和内容。例如，一名宝妈的直播间，其主要粉丝是同年龄段的宝妈，那么直播的时间就应该避开早上。因为很多宝妈早上起床需要整理家务，给宝宝准备辅食，处于忙碌的状态，看直播的可能性很小。在直播内容方面，多交流育儿经验，以吸引宝妈的关注。

3）控制直播成本

很多主播不免发问，直播间需要控制成本吗？答案是肯定的。而且，这里的成本控制主要体现在发放优惠券、抽奖礼品以及产品折扣等方面。部分主播为了增大直播间的吸引力度，特意推出多重优惠或大幅降价的活动，虽然人气确实有所增加，但成本计算下来属于持平或亏损状况就得不偿失了。故主播在策划一场直播时，需要从实际出发，充分考虑直播的成本。

4）确定直播节奏

直播节奏主要指策划直播时长及时段里的大致内容。例如，一场直播的时长为6小时，在这6小时中需要做完哪些事，以及哪个时段里完成哪些事，都要体现在直播脚本中，避免主播临时找话题，为了直播而直播，效果肯定不好。另外，主播还需要提前安排好直播中需要做好哪些操作，如上新、抽奖、发放优惠券等。无论主播是一个人还是一个团队，都要提前做好分工和工作规划，确保各项工作顺利开展。

2. 直播素材准备

直播素材准备是确保直播顺利进行并吸引观众的关键环节。直播素材准备需要综合考虑内容、视觉效果、实用性和安全性等多个方面。通过精心准备，可以大大提升直播的质量和效果。直播素材的准备所包含的内容主要有PPT、道具、产品等，如图7-37所示。

1）PPT或演示文稿

根据直播主题，设计简洁明了、重点突出的PPT。确保每页内容精练，避免过多文字，使用图表、图片和关键词来增强视觉效果。保持页面布局整洁，配色方案应与品牌形象

图7-37　直播素材准备内容

或直播氛围相符，避免过于花哨或难以阅读的配色。在 PPT 中适当使用动画和过渡效果可以增加观赏性，但不宜过多，以免分散观众注意力。

准备好 PPT 后，可以在直播前多次预演 PPT，确保所有链接、视频嵌入等都能正常播放，无技术故障。

2）道具

选择与直播主题紧密相关的道具，如产品展示架、背景板、装饰物等，以营造专业且吸引人的直播环境。道具应具有实际作用，如帮助展示产品功能、辅助解释复杂概念等。还要确保所有道具无安全隐患，不会对主播或观众造成伤害。

3）产品

根据直播目的和受众需求，精心挑选产品。确保产品质量可靠，符合品牌标准。主播须对产品有深入了解，包括功能、特点、使用方法等，以便在直播中准确介绍和演示。提前准备好产品的展示方式，如摆放位置、灯光效果、背景布置等，确保产品以最佳状态呈现给观众。还要准备足够的样品，以防直播过程中出现损坏或需要替换的情况。

4）其他素材

- 背景音乐：选择与直播氛围相符的背景音乐，注意版权问题，避免使用未经授权的音乐。
- 互动环节设计：提前设计好观众互动环节，如问答、抽奖、优惠券发放等，以增加观众参与度和黏性。
- 技术支持：确保直播设备（如摄像头、麦克风、灯光等）性能良好，并准备好备用设备，以防万一。
- 应急预案：制定应对突发状况的应急预案，如网络中断、设备故障等，确保直播能够顺利进行。

任务 7.4　直播营销与推广

直播营销与推广是现代企业营销活动中不可或缺的一部分，它利用直播平台的实时互动性和广泛传播性，帮助企业实现品牌推广、产品销售和客户互动等目标。

子任务 7.4.1　直播营销策略

直播营销策略的制定是一个系统而全面的过程，涉及营销目标的设定、营销策略的选择与制定等多个方面。

1. 营销目标的设定

在设定直播营销目标时，应遵循 SMART 原则，即目标应具有具体性（Specific）、可衡量性（Measurable）、可达成性（Attainable）、相关性（Relevant）和时限性（Time-based），如图7-38所示。

图 7-38　SMART 原则

- 具体性：明确描述想要实现的结果。例如，不仅仅是"提高销售额"，而是具体设定"在未来三个月内，通过直播活动每月提升销售额 10%"。
- 可衡量性：使用量化指标来评估目标的完成情况。例如，设定"每个直播活动获得至少5000 次观看次数"或"直播期间实现 XX 件商品的销售"。
- 可达成性：确保目标实际可行，避免设置过高或过低的目标。需要考虑企业的现状、市场竞争环境以及历史数据等因素。
- 相关性：确保目标与企业整体发展战略相一致。例如，如果企业的战略是扩大线上销售渠道，那么直播营销的目标就应与提高线上销售额紧密相关。
- 时限性：为目标设定具体的时间框架。例如，"在未来三个月内完成 XX 次直播活动"或"本季度内通过直播活动新增 XX 名会员"。

2. 营销策略的选择与制定

在确定了营销目标后，需要选择合适的营销策略并制定相应的实施计划。直播营销策略的制定需要综合考虑多个方面的因素，常见的营销策略有内容策略、主播策略、互动策略、推广策略等，如图 7-39 所示。通过科学合理的策略制定和有效的执行落地，可以在直播营销领域取得更好的成果。

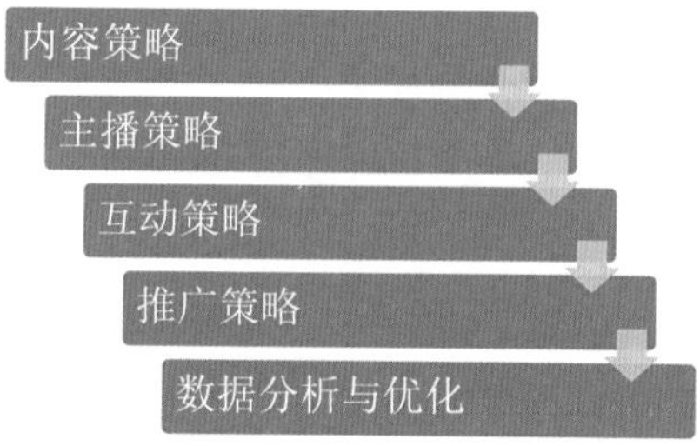

图 7-39　常见的营销策略

1）内容策略

- 直播内容规划：根据目标受众的喜好和需求，规划具有吸引力的直播内容。内容应围绕产品特点、使用场景、用户痛点等展开，同时注重趣味性和互动性。
- 内容创新：定期更新直播内容，保持观众的新鲜感和期待感，可以尝试不同的直播形式（如访谈、问答、挑战赛等）和主题（如节日特辑、新品发布等）。

2）主播策略

- 选择合适的主播：根据产品的特点和目标受众，选择合适的主播进行合作。主播应具备一定的影响力、亲和力和专业知识，能够吸引并留住观众。
- 主播培训：对主播进行产品知识、直播技巧等方面的培训，确保他们能够在直播中准确传达产品信息并引导观众购买。

3）互动策略

- 增强观众参与感：通过抽奖、红包、优惠券等互动方式，提高观众的参与度和黏性。同时，鼓励观众在直播间留言、提问和分享，形成良好的互动氛围。
- 建立社群：在直播结束后，通过微信群、QQ群等社交平台建立观众社群，持续与观众保持联系并提供后续服务。这有助于培养忠实用户并促进口碑传播。

4）推广策略

- 多渠道宣传：利用社交媒体（如微博、微信、抖音等）、短视频平台以及企业官网等渠道进行直播预告和宣传，吸引更多潜在观众。
- 合作推广：与其他品牌或 KOL 进行合作推广，通过互推互粉、共同举办活动等方式扩大直播的曝光度和影响力。

5）数据分析与优化

在直播过程中实时监控观看人数、互动情况、销售数据等关键指标，以便及时调整直播策略。直播结束后对各项数据进行深入分析，总结成功经验和不足之处，为后续的直播活动提供改进方向和优化建议。

子任务 7.4.2　直播预热与宣传

直播预热与宣传是确保直播活动成功的重要步骤，通过多渠道的整合营销，可以有效提升直播的曝光度、吸引目标观众并激发参与热情。直播预热与宣传需要综合运用社交媒体、合作伙伴和线下活动等多种手段，形成全方位的宣传矩阵，以最大限度地提升直播的知名度和影响力。

1. 社交媒体预热

社交媒体预热是直播宣传中至关重要的一环，它能够通过多种创意和互动方式吸引目标受众的注意力，为直播活动造势。

在进行社交媒体预热前，需要先根据目标受众的偏好选择合适的社交媒体平台，如微博、微信、抖音、快手、小红书、B 站等。然后根据不同平台的用户群体和特性不同，针对性策划预热与宣传内容。社交媒体预热主要有 4 种预热模式，如图 7-40 所示。

图 7-40　社交媒体预热模式

1）预告视频或海报发布

制作并发布一段精彩的预告视频或精美的海报，通过社交媒体平台（如微博、抖音、微信视频号等）传播。这种预热模式可以利用高质量的视频画面或设计感强的海报，快速吸引用户的眼球，并在视频或海报中清晰标注直播的时间、平台、主题及亮点，方便用户了解和关注。例如，某博主在直播前一周发布了一段预告视频，展示了即将在直播中推荐的甄选好物产品，同时公布了直播时间和参与方式，迅速引发了粉丝的关注和期待，如图7-41所示。

2）互动话题挑战

在社交媒体上发起与直播主题相关的互动话题挑战，鼓励用户参与并分享自己的内容。通过话题挑战的形式，让用户成为传播者，增加直播的曝光度和参与度。用户可以根据自己的理解和创意进行创作，形成多样化的内容展示。例如，某美食博主在直播前发起了"#我省饭课代表#"话题挑战，邀请粉丝分享自己的拿手好菜照片或视频，并承诺在直播中选取部分作品进行点评和展示。这一活动不仅激发了用户的创作热情，还提前为直播积累了大量的人气，如图7-42所示。

图7-41　某博主发布的预告视频　　图7-42　某博主发布的话题挑战

3）倒计时系列发布

在直播前一周或更长时间内，每天发布一条与直播相关的倒计时内容，如揭秘直播流程、分享嘉宾幕后花絮等。通过连续多天的倒计时内容发布，保持话题的热度和关注度，并逐步揭示直播的亮点和细节，激发用户的好奇心和期待感。例如，某科技产品从发布前一周开始，每天通过微博发布一条倒计时海报，每张海报都透露出一个关于产品的神秘信息或功能点，引发了广大科技爱好者的热烈讨论和关注。

4）社交媒体问答与抽奖

在社交媒体平台上举办问答活动或抽奖活动，通过回答问题或参与抽奖的方式吸引用户关注直播。通过问答和抽奖的形式增加用户与直播之间的互动性。设置奖品或优惠券等激励措施，提高用户的参与积极性和转发意愿。例如，某电商平台在直播前通过微博举办了一场问答活动，邀请用户回答与直播商品相关的问题，答对即可获得优惠券或抽奖机会。这一活动不仅增加了用户的参与度，还提前为直播带来了大量的流量和潜在购买者。

2. 合作伙伴推广

- 寻找合作伙伴：寻找与直播内容相关或目标受众重叠的品牌、KOL、媒体等作为合作伙伴，共同推广直播活动。
- 互惠互利：与合作伙伴协商合作方案，如互相推荐、资源共享、联合举办活动等，实现双赢。
- 联合宣传：合作伙伴通过各自渠道发布直播信息，扩大宣传范围。同时，可以在直播中提及合作伙伴，增加曝光度。
- 跨界合作：尝试与不同领域的合作伙伴进行跨界合作，吸引更多元化的观众群体。

3. 线下活动宣传

- 举办预热活动：在直播前举办线下预热活动，如发布会、见面会、快闪店等，直接触达目标受众，提升直播期待值。
- 线下物料布置：在商场、地铁站、公交站等人流密集区域投放直播宣传海报、横幅等物料，增加曝光度。
- 合作商家宣传：与线下商家合作，将直播信息融入其店内宣传，如海报、电子屏、商品包装等。
- 口碑传播：通过邀请粉丝、意见领袖等参与线下活动，并鼓励他们通过社交媒体分享体验，形成口碑传播效应。

子任务 7.4.3　直播过程中的营销

在直播过程中，营销是提升观众参与度、增强产品推广效果并促进销售转化的关键环节。直播过程中的营销包含直播过程中的互动营销、产品展示与推荐、营销话术与技巧三个方面。

1. 互动营销

互动营销可以通过抽奖和优惠券发放两种方式进行互动，如图 7-43 所示。

1）抽奖

抽奖可以调动观众积极性，增加直播间互动，提高粉丝黏性和观看时长。主播可以在直播过程中设置抽奖环节，如"关注＋回复相应关键词"参与抽奖，奖品可以是产品优惠券、小样、品牌周边产品等。抽

图 7-43　互动营销方式

奖时，主播应保持公正性，通过手机截图等方式公开抽奖结果，并告知观众下一个抽奖节点，以保持观众的期待感。抽奖活动能有效提升直播间的活跃度和观众参与度，同时增加

粉丝数量和用户黏性。

2）优惠券发放

优惠券发放的目的是刺激观众购买欲望，促进销售转化。主播可以在直播过程中发放优惠券，如"限时专享优惠券""满减券"等，并设置领取条件和有效期。观众领取优惠券后，在购买产品时可享受相应的优惠。优惠券的发放能直接降低观众的购买成本，提升购买意愿，从而促进销售转化。

2. 产品展示与推荐

在直播过程中，产品展示与推荐是至关重要的环节，它直接关系到观众对产品的认知和购买意愿。产品展示与推荐包含远近结合展示、特写镜头展示和互动解答 3 种展示方式，如图 7-44 所示。

1）远近结合展示

主播可以从远处开始，全方位地展示商品，让观众对商品的整体形状和大小有清晰的印象；然后逐渐靠近，展示商品的细节和质感。通过远近结合的展示方式，观众能够全面了解商品的特点和优势，增强购买信心。

图 7-44　产品展示与推荐方式

2）特写镜头展示

在整体展示完商品后，主播可以使用特写镜头来展示商品的细节，如包装、成分、质地等。特写镜头还可以让观众更清晰地看到商品的细节和品质，提升购买欲望。

3）互动解答

展示完商品的细节后，主播可以与观众进行互动，解答观众对商品的疑问，并根据观众的需求进行针对性的展示和推荐。互动解答能满足观众的个性化需求，增强观众的参与感和信任感，从而促进销售转化。

3. 直播话术与技巧

很多主播都可能遇到过这些问题：不知道说什么，不知道如何与粉丝交流，不知道如何介绍产品，不知道如何回复粉丝的问题。其实，这都是没有掌握直播的话术。优秀的话术可以挖掘出用户的核心需求，快速引起用户的注意和兴趣，打消其顾虑，激发其购买欲望，促成其下单购买。直播话术又包括开播话术、留人话术、互动话术、催单话术以及下播话术等，如图 7-45 所示。

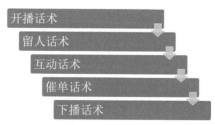

图 7-45　直播话术

1）开播话术

在开始直播或有大量新用户进入直播间时，可用欢迎话术开场。例如，点明主播主题的开播话术，可以明确地向观众传递出主播要直播的内容，能让用户对接下来的直播有一个清晰的认知和期待。例如，"主播每天 20 点都会分享手工技巧，喜欢主播的宝宝可以将直播间分享给朋友！""欢迎 XXX 来到直播间，希望我的歌声能吸引你留下哦！""欢迎 XXX 来到直播间，我们今天的主题是 XXX，还有很多福利等着大家哦！"

2）留人话术

直播间的人气至关重要，如何留住更多用户，也是众多主播关心的问题。用户是直播带货变现的前提，吸引更多用户互动、关注也是直播的重点，带货主播可以了解一些引导互动关注的话术，并将其灵活应用，如"姐妹们，今天的秒杀品是……，不仅产品给力，价格更给力，错过就不知道要等多久了，一定要等等啊"。

3）互动话术

在直播过程中，与用户的互动可以拉近距离，同时也能通过互动得到一些用户反馈，故主播还应掌握一些直播互动话术。例如，用强调福利来引导关注"新来的朋友们，左上角有福袋，点点关注点点赞参与抽奖哦"。

4）催单话术

很多用户在了解产品后仍然有所顾虑，卡在下单环节，此时如果主播用好催单话术，可以临门一脚促成订单。例如，用"这条裙子我穿了两年，百搭又好看，洗完不起球，关键是显得腿巨长，想要吗？"来突出裙子显瘦、显高、质量好，吸引用户下单。

5）下播话术

在临近下播时，需要一定的话术来给用户留下积极印象，从而吸引用户关注账号。例如，用"谢谢大家，希望大家都在我的直播间买到了称心的商品，点击'关注'按钮，明天我们继续哦！"来表达对用户的感谢之心，引导用户关注账号。

子任务 7.4.4　直播后营销与数据分析

直播后的营销与数据分析是一个系统性的工作，它涵盖直播效果评估、观众反馈收集与分析以及后续营销活动策划与执行等多个方面，以便为未来的直播活动和营销活动提供有力的支持和指导。

1. 直播效果评估

直播效果评估是了解直播活动成效的关键环节，它有助于为未来的直播活动提供改进方向。评估内容主要包括以下几个方面。

- 观看人数与观看时长：统计直播的实时观看人数和总观看人数，以及观众的平均观看时长和总观看时长，这些数据能够反映直播的受众规模和观众黏性。
- 互动数据：包括点赞、评论、分享和弹幕等互动行为的数据，这些数据能够衡量观众的参与度和满意度，反映直播内容的吸引力和观众的反应。
- 销售数据：计算直播期间的销售转化率、销售额和销售量，以评估直播对销售的促进作用和商业价值。

● 用户留存率：观察不同时间段观众的留存情况，了解直播过程中观众流失的原因和时段，以便优化直播内容和节奏。

● 直播流畅度与稳定性：评估直播过程中的画面流畅度和音质清晰度，以及是否出现卡顿、断线等技术问题，确保观众获得良好的观看体验。

2. 观众反馈收集与分析

观众反馈是了解直播效果和改进方向的重要来源，可以通过以下4种方式收集和分析，如图7-46所示。

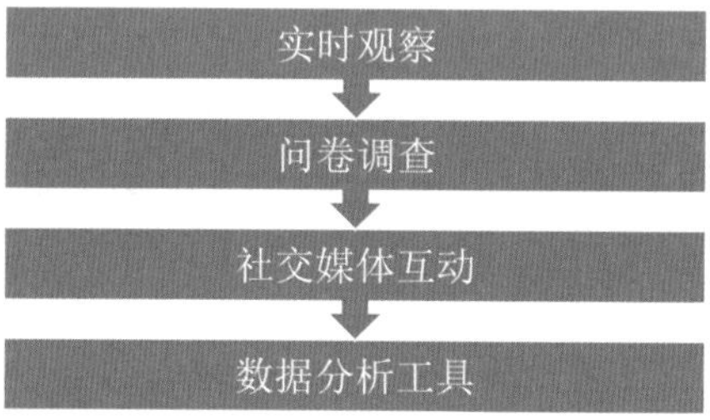

实时观察

问卷调查

社交媒体互动

数据分析工具

图 7-46　观众反馈收集与分析方式

● 实时观察：在直播过程中，密切关注观众的面部表情、肢体语言和反应，以及弹幕内容，了解观众对直播内容的实时反馈和意见。

● 问卷调查：直播结束后，准备一份问卷，了解观众对直播的整体评价、观点认同程度、内容理解程度以及改进建议等。问卷可以包括开放性和关闭性问题，以便更全面地收集观众反馈。

● 社交媒体互动：在社交媒体平台上发布直播总结或相关内容，鼓励观众通过评论、点赞等方式参与讨论，收集观众的反馈意见。

● 数据分析工具：利用数据分析工具对直播过程中的数据进行深入挖掘，如观众画像、行为路径、兴趣偏好等，以便更精准地了解观众需求和优化直播策略。

3. 后续营销活动策划与执行

基于直播效果评估和观众反馈分析的结果，可以制定后续营销活动的策划与执行方案。

● 优化直播内容：根据观众反馈和数据分析结果，调整直播内容、节奏和形式，提高直播的吸引力和观众黏性。

● 提升互动体验：增加互动环节和互动方式，如抽奖、问答、投票等，提高观众的参与度和满意度。

● 精准营销：根据观众画像和兴趣偏好，制订精准的营销策略和推广计划，提高营销效果和转化率。

● 持续营销：在直播结束后，通过社交媒体、邮件营销、短信营销等方式持续与观众保持联系，推送相关产品和优惠信息，促进复购和口碑传播。

● 评估与调整：对后续营销活动的效果进行持续评估和调整，确保营销活动能够持续有效地促进销售和品牌发展。

观看视频

项目实训　使用抖音进行直播　　≡

使用抖音进行直播需要充分准备、精心策划和持续优化。通过不断学习和实践，可以逐渐提高直播的质量和效果，吸引更多观众关注和参与。

下面将介绍使用抖音进行直播的具体操作步骤。

（1）手机端登录"抖音"App 进入抖音"推荐"页面首页，点击页面中的"+"按钮，如图 7-47 所示。

（2）系统自动跳转到"快拍"页面，点击右侧的"开直播"按钮，如图 7-48 所示。

图 7-47　点击"+"按钮　　　　　图 7-48　点击"开直播"按钮

（3）系统自动跳转到"视频直播"页面，默认显示上一次直播的封面和标题，如果想修改，可对信息进行修改（这里以修改标题为例，输入标题，点击"完成"按钮），如图 7-49 所示。

（4）点击"开启位置"按钮，可选择显示位置或隐藏位置（这里以选择"显示位置"为例，让附近的人看到直播间），如图 7-50 所示。

图 7-49　修改标题　　　　　图 7-50　开启直播位置

（5）点击"所有人可见"按钮，可设置直播可见范围（这里以选择"公开：所有人可见"为例，让所有人看到直播间），如图 7-51 所示。

（6）点击"选择直播内容"按钮，可设置直播内容（这里以选择"宠物"为例），如图 7-52 所示。

图 7-51　选择直播可见范围

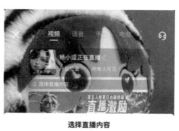

图 7-52　选择直播内容页面

（7）设置好直播封面、标题、位置等信息后，点击"开始视频直播"按钮，如图 7-53 所示，系统自动跳转到抖音直播开播页面，如图 7-54 所示。

图 7-53　点击"开始视频直播"按钮

图 7-54　抖音直播开播页面

项目总结

　　本项目介绍了新媒体直播技术的基础知识、直播间搭建方法、策划、营销与推广等内容。通过本项目的学习，读者可以了解直播技术的基础知识，并掌握直播间的搭建方法；同时，读者还可以深入了解新媒体直播技术的策划、营销与推广策略，包括内容定位、主题策划、流程规划、脚本和素材准备等，为后面进行抖音、快手等直播打下坚实的基础。

项目 8　新媒体内容发布与推广

　　完成新媒体内容制作后，需进行多平台发布与推广以提升曝光度与增强互动性。本项目讲解新媒体内容发布与推广，涵盖平台渠道、推广策略、数据分析优化及运营管理等内容，从而帮助读者快速掌握基础知识，有效实施发布计划。

本项目学习要点 --

- 掌握新媒体平台与发布渠道
- 掌握新媒体内容推广策略
- 掌握直播内容策划技巧
- 掌握直播的营销与推广技巧

任务 8.1　新媒体平台与发布渠道

新媒体平台和发布渠道已经成为信息传播的重要工具，它们在现代社会中发挥着至关重要的作用，已经成为企业营销推广、品牌宣传、用户互动等活动的重要渠道。

子任务 8.1.1　新媒体平台介绍

新媒体平台包括社交媒体平台、内容创作平台和新闻媒体平台等多种类型，每种类型都有其独特的特点和优势。这些平台通过数字技术、网络技术和移动通信技术，为用户提供了丰富多样的信息和娱乐服务。

1. 社交媒体平台

社交媒体平台是新媒体平台的重要组成部分，以用户生成内容（UGC）为主，强调用户之间的互动与社交关系，主要代表平台有微博、微信、抖音、快手等，如图 8-1 所示。

图 8-1　常见的社交媒体平台

- 微博：微型博客（MicroBlog）的简称，是一个基于用户关系的信息分享、传播以及获取的平台。用户可以通过 Web、WAP 以及各种客户端组建个人社区，以短文本形式（通常为 140 字左右）更新信息，并实现即时分享。微博具有传播速度快、互动性强、用户基数大等特点。

- 微信：是腾讯公司于 2011 年推出的一个为智能终端提供即时通信服务的免费应用程序。除基本的即时通信功能外，微信还提供了朋友圈、公众号、小程序等多种服务。用户可以通过微信进行社交互动、信息获取、消费支付等多种活动。

- 抖音：是一种短视频分享社区，用户可以选择歌曲，配以短视频，形成自己的作品。抖音以短视频为主要传播形式，具有内容丰富、形式多样、传播速度快等特点。同时，抖音的算法推荐机制能够精准地向用户推荐感兴趣的内容。

- 快手：是一个短视频社交平台，用户可以在平台上创作和分享短视频。快手与抖音类似，也以短视频为主要传播形式。但快手在内容生态上更加多元化，涵盖生活、娱乐、教育等多个领域。

2. 内容创作平台

内容创作平台是新媒体平台中专注于内容生产和分享的平台，主要代表平台有知乎、B 站、小红书等，如图 8-2 所示。

图 8-2　常见的内容创作平台

- 知乎：是一个中文互联网高质量的问答社区和创作者聚集的原创内容平台，以问答形式为主，用户可以在平台上提问和回答问题，分享知识和经验。知乎上的内容质量较高，用户群体也相对成熟。

● B 站（bilibili）：是一个以 ACG（Animation，Comic，Game，动画、漫画、游戏）内容为主的视频弹幕网站和在线视频分享平台。除 ACG 内容外，还涵盖科技、教育、生活等多个领域。B 站的用户黏性高，互动性强，是内容创作者的重要平台之一。

● 小红书：是一个生活方式平台和消费决策入口，用户可以在平台上分享购物心得、美妆教程、旅行攻略等内容。小红书以女性用户为主，内容以生活方式和消费决策为主。小红书上的内容形式多样，包括图文、短视频等。

3.新闻媒体平台

新闻媒体平台是新媒体平台中专注于新闻资讯传播的平台，主要代表平台有腾讯新闻、今日头条等，如图 8-3 所示。

图 8-3 常见的新闻媒体平台

● 腾讯新闻：是腾讯公司推出的一个新闻资讯平台，为用户提供实时、全面的新闻资讯服务。腾讯新闻拥有庞大的用户基数和强大的内容生产能力，能够为用户提供丰富的新闻资讯和深度报道。

● 今日头条：是北京字节跳动科技有限公司开发的一款基于数据挖掘的推荐引擎产品，为用户推荐信息、提供连接人与信息的服务的产品。通过算法推荐技术，将用户感兴趣的新闻资讯聚合在一起，为用户提供个性化的阅读体验。今日头条的内容涵盖新闻、科技、娱乐等多个领域。

子任务 8.1.2 发布渠道选择

在选择发布渠道时，需要综合考虑渠道特点与优势评估以及渠道选择与组合策略。在发布新媒体内容时，要确保发布内容的质量和适配性，符合各渠道的特点和要求，遵守各渠道的发布规范和法律法规，避免违规风险。

1.渠道特点与优势评估

新媒体内容发布渠道的选择对于内容的传播效果和影响力至关重要。常见的新媒体发布渠道有传统媒体渠道、网络媒体渠道、社交媒体渠道、内容创作平台和新闻专线服务等，如图 8-4 所示。

图 8-4 新媒体发布渠道

1）传统媒体渠道

常见的传统媒体渠道历史悠久，具有广泛的受众基础和较高的权威性，如报纸、杂志、电视、广播等。传统媒体渠道能够提供深入的报道和权威的分析，适合品牌塑造和公信力建设，但是传播速度相对较慢，互动性不强，成本较高。

2）网络媒体渠道

网络媒体渠道具有更新速度快、覆盖面广、互动性强等特点，如新闻网站、新闻客户端等。网络媒体渠道能够迅速传播新闻信息，吸引大量用户关注和讨论。由于信息量大，竞争激烈，需要高质量的内容来吸引用户。

3）社交媒体渠道

社交媒体渠道具有用户基数大、传播速度快、互动性强等特点，如微博、微信、抖音、快手等。社交媒体渠道能够精准定位目标用户，实现病毒式传播。但是由于信息泛滥，用户注意力容易分散，因此需要不断创新内容形式来吸引用户。

4）内容创作平台

内容创作平台以内容为核心，用户黏性高，互动性强，如知乎、B 站、小红书等。内容创作平台能够吸引特定领域的专业用户和粉丝，形成独特的社群文化。不过内容创作门槛较高，需要较高的专业素养和创作能力。

5）新闻专线服务

新闻专线服务专业权威，覆盖范围广，支持定向发布，如美通社、新华美通、Business Wire 等。新闻专线服务能够将新闻稿迅速分发至全球数千家媒体机构，提高传播效率。不过其成本较高，需要专业的新闻稿撰写和 SEO 优化服务。

2.渠道选择与组合策略

在评估各个发布渠道的特点、优劣势后，可以对渠道进行选择，并根据需要对发布渠道进行组合。下面将详细讲解渠道选择与组合策略的具体方法。

- 明确传播目标：根据企业的品牌定位、市场策略和营销目标，明确新媒体发布的传播目标。
- 综合评估渠道：根据目标用户群体分析、渠道特点与优势评估结果，综合评估各渠道的适用性。
- 选择核心渠道：选择与目标用户群体匹配、传播效果最好的核心渠道进行重点投入。
- 组合其他渠道：在核心渠道的基础上，根据预算和策略需要，组合其他渠道进行补充和扩展。
- 持续优化策略：关注各渠道的表现和用户反馈，及时调整和优化发布策略，提高传播效果。

子任务 8.1.3　内容发布流程

内容发布流程是一个系统而复杂的过程，需要精心策划和细致执行。通过科学的内容准备与审核、合理的发布时间与时段选择以及发布后的跟踪与优化，可以提高内容的传播

效果和用户满意度。

1. 内容准备与审核

1）内容准备

在发布新媒体内容之前，需要明确内容发布的目标、受众定位以及预期效果。这有助于确保内容的针对性和有效性。然后根据目标与定位，进行内容的策划与创作，包括确定内容主题、结构、语言风格等，确保内容既符合受众需求又具有吸引力。最后收集与内容相关的图片、视频、音频等多媒体素材，并进行整理和编辑，以提高内容的可读性和观赏性。

2）内容审核

内容审核可以分成初步审核、专业审核和敏感词与合规性检查三步，如图 8-5 所示。

图 8-5　内容审核步骤

（1）初步审核：对创作完成的内容进行初步审核，检查内容的完整性、准确性、合法性以及是否符合网站或平台的规定。这包括检查文字表述是否清晰、图片是否清晰无水印、视频是否流畅等。

（2）专业审核：对于需要专业知识的内容，如学术论文、行业报告等，需要邀请相关领域的专家进行专业审核，确保内容的权威性和准确性。

（3）敏感词与合规性检查：使用专业的敏感词检测工具，检查内容中是否存在违规或敏感的词汇，确保内容符合法律法规和平台规定。

2. 发布时间与时段选择

在发布新媒体内容时，还要对发布时间和时段进行选择，具体方法如下。

- 分析受众活跃时间：通过数据分析工具或市场调研了解目标受众的在线活跃时间，选择在他们最活跃的时间段发布内容。例如，如果目标受众主要是上班族，那么工作日的午休时间和下班后可能是最佳发布时间。
- 考虑时区因素：如果受众分布在不同时区，需要调整发布时间以覆盖更广泛的受众。例如，可以同时在美国东部时间和亚洲时间发布内容。
- 避开竞争高峰：避免在大型事件或节假日等竞争激烈的时间段发布内容，以减少被淹没在海量信息中的风险。
- 个性化发布计划：根据账号特点和受众反馈制订个性化的发布计划。例如，如果账号专注于深夜话题，可以选择在晚上的 10～12 点发布内容。

3. 发布后跟踪与优化

在发布前设定明确的目标和指标，如阅读量、点赞量、评论量、转发量等，以便后续跟踪效果。发布内容后，利用网站分析工具（如 Google Analytics、百度统计）和社交媒体分析工具（如 Facebook Insights、Twitter Analytics）跟踪内容的访问量、跳出率、停留时间等数据。然后根据跟踪结果，对发布策略进行调整和优化，包括调整发布时间、频率、渠道和内容类型等，其优化策略有以下 3 种。

- 内容优化：根据用户反馈和数据分析结果对内容进行优化和调整，包括改进标题、调整排版、增加相关链接等。
- 发布策略优化：通过 A/B 测试比较不同发布时间、标题、内容布局等的效果，找出最优方案并调整发布策略。
- 持续更新：定期更新内容以保持账号的活跃度和吸引力，并根据市场变化和用户需求调整内容方向。

任务 8.2　新媒体内容推广策略

新媒体内容推广策略是一个多元化且不断演进的领域，它涵盖多种渠道、方法和工具，旨在提高内容的曝光度、吸引目标受众并促进互动与转化。

子任务 8.2.1　推广目标设定

在设定新媒体内容推广目标时，要遵循 SMART 原则，保持一定的灵活性，以便根据市场变化、用户反馈和实际效果进行适时调整。通过明确、具体且可衡量的推广目标设定，可以为新媒体内容推广活动提供清晰的方向和评估标准，从而提高推广效果和 ROI（投资回报率）。设定推广目标可以从短期和长期两个目标进行设定，如图 8-6 所示。

图 8-6　设定推广目标

1. 短期推广目标

短期推广目标通常关注快速可见的成果，旨在短期内提升品牌知名度、内容曝光度和用户参与度。常见的短期推广目标有以下几种。

- 增加内容曝光度：通过多渠道分发和内容优化，提高内容的浏览量、点击率和分享次数。
- 提升用户互动：鼓励用户评论、点赞、分享和转发内容，增加用户参与度和黏性。
- 扩大粉丝基础：在社交媒体平台上增加关注者数量，为长期运营打下坚实的用户基础。

- 提高转化率：对于带有营销目的的内容（如产品推广、活动宣传），短期内提升转化率，如报名人数、购买量等。
- 建立品牌认知：通过高频次、高质量的内容输出，初步建立品牌在目标用户心中的认知和印象。

2. 长期推广目标

长期推广目标则更加关注品牌的长期发展和用户忠诚度的培养。常见的长期推广目标有以下几种。

- 深化品牌忠诚度：通过持续提供有价值的内容和服务，增强用户对品牌的认同感和忠诚度。
- 构建用户社群：围绕品牌或内容主题，构建稳定的用户社群，促进用户之间的交流和互动。
- 提升市场份额：在目标市场中逐步扩大品牌影响力，提升市场份额和竞争力。
- 实现多元化变现：在积累了一定用户基础和品牌影响力后，探索多元化的变现方式，如广告合作、电商销售、会员服务等。
- 持续优化内容策略：根据市场反馈和用户数据，不断调整和优化内容策略，保持品牌活力和竞争力。

子任务 8.2.2　推广策略制定

在制定社交媒体推广策略时，可以从多个维度出发，结合社交媒体广告投放、KOL/网红合作推广、内容联动与互推，以及线下活动结合线上推广等策略，以实现更广泛的品牌曝光和更有效的用户互动。

1. 社交媒体广告投放

社交媒体广告投放是品牌利用社交媒体平台进行营销的重要手段之一。在进行社交媒体广告投放时，可以制定以下推广策略。

- 明确广告目标：确定广告的具体目标，如增加品牌曝光、提升网站流量、促进产品购买或增加应用下载等。设定可量化的指标，如点击率、转化率、ROI 等，以便后续评估广告效果。
- 精准受众定位：利用社交媒体平台提供的受众分析工具，基于年龄、性别、地理位置、兴趣爱好、行为习惯等多维度信息，精确定位目标受众。创建自定义受众群体，利用历史数据和客户行为模式，进一步精准投放。
- 创意内容制作：设计吸引人的广告创意，包括吸引人的图片、视频、文案等，确保内容与目标受众的兴趣点相契合。尝试不同的广告格式和风格，如故事性广告、互动广告、信息流广告等，以吸引用户的注意力。
- 合理分配预算：根据广告目标和受众规模，合理分配广告预算。可以采用 A/B 测试等方法，比较不同广告版本的效果，优化预算分配。

- 持续监测与优化：使用社交媒体平台提供的广告管理工具，实时监测广告表现数据，如展示次数、点击次数、转化率等。根据数据反馈，及时调整广告策略，包括受众定位、内容创意、投放时间等，以提升广告效果。

2.KOL/ 网红合作推广

KOL 是营销学上的概念，通常被定义为拥有更多、更准确的产品信息，且为相关群体所接受或信任，并对该群体的购买行为有较大影响力的人。而网红则更侧重于在网络平台上拥有大量粉丝和影响力的个人或账号。KOL 和网红通常在其领域内具有权威性、影响力和公信力。因此，KOL/ 网红合作推广是一种有效的营销手段，能够帮助品牌提高曝光度、增强信任度并促进销售增长。

在进行 KOL/ 网红合作推广时，需要选择与品牌价值观相匹配、目标受众相似的 KOL/ 网红进行合作。通过与 KOL/ 网红建立真诚的合作关系，促进更自然、更有吸引力的内容创作。注重创意和趣味性，确保合作内容能够吸引目标受众的注意力和兴趣。通过监测内容的曝光量、互动率等数据，评估合作效果并优化策略。例如，Nike 与健身达人合作，通过 KOL 的运动穿搭和健身经验分享，提高了品牌在健身领域的认知度和影响力；Gucci 与时尚博主合作，通过 KOL 的时尚见解和品牌故事的传播，成功打造了独特的品牌形象。

1）KOL/ 网红合作推广的优势

KOL/ 网红合作推广具有 4 种优势，如图 8-7 所示。

图 8-7 KOL/ 网红合作推广的优势

- 高曝光度：KOL 和网红在社交媒体上拥有大量粉丝，能够迅速将品牌信息传递给目标受众。
- 精准营销：选择与品牌价值观相匹配的 KOL/ 网红合作，可以确保内容精准触达目标客群，提高转化率。
- 增强信任度：KOL 和网红的影响力基于其粉丝的信任，因此通过他们推广的产品或服务更容易获得消费者的信任。
- 多样化内容：KOL 和网红可以根据自身风格创作多样化的内容，如视频、图片、文章等，提高内容的吸引力和互动性。

2）KOL/网红合作推广的常见形式

KOL/网红合作推广的常见形式有 4 种，如图 8-8 所示。

图 8-8　KOL/网红合作推广形式

- 产品置换：商家向 KOL/网红提供产品，KOL/网红在社交媒体上展示并分享使用体验。这种形式适用于粉丝较少的 KOL/网红。
- 付费发帖：商家向 KOL/网红支付一定费用，KOL/网红在社交媒体上发布关于品牌或产品的内容。这种形式适用于粉丝较多的 KOL/网红。
- 联名定制：品牌与 KOL/网红合作设计联名定制产品，并由 KOL/网红分享推广。这种形式有助于提升品牌形象和产品附加值。
- 直播带货：KOL/网红在直播中展示并销售产品，这种形式近年来非常流行，能够带来较高的销售转化率。

3. 内容联动与互推

内容联动与互推是营销策略中常用的一种手段，旨在通过不同内容、不同平台或不同账号之间的相互关联和推广，扩大内容的传播范围，增强品牌影响力和用户黏性。

在进行内容联动与互推推广时，可以采用 6 种实施方式，如图 8-9 所示。

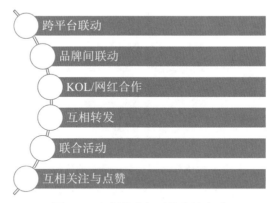

图 8-9　内容联动与互推实施方式

- 跨平台联动：将同一内容或相关内容在不同平台（如微博、微信、抖音、B 站等）上进行联动发布和推广。通过多平台覆盖，可以吸引更多潜在受众。
- 品牌间联动：不同品牌之间通过共同的主题或活动进行内容联动。例如，不同品牌的联名产品推广、共同参与的公益活动等。
- KOL/网红合作：与具有影响力的 KOL 或网红进行合作，通过他们的内容创作和推广来带动品牌或产品的曝光度。KOL/网红之间的合作也可以形成内容联动，共同推广某一主题或产品。

- 互相转发：不同账号之间互相转发对方的内容，并在转发时附上推荐语或评价。这种方式简单易行，可以快速增加内容的曝光度。
- 联合活动：不同账号或平台共同策划和组织联合活动，如抽奖、话题讨论等。通过联合活动，可以吸引更多用户参与和关注，同时实现账号之间的互推。
- 互相关注与点赞：在社交媒体平台上，不同账号之间可以互相关注和点赞对方的动态。这种方式虽然不能直接带来大量曝光度，但可以增加账号之间的互动和联系，为未来的合作打下基础。

内容联动与互推是营销策略中非常有效的手段之一。通过合理的规划和实施方式，可以实现资源的共享和粉丝的增长，同时提升品牌影响力和用户黏性。但是在进行内容联动与互推时，要选择合适的合作对象，并考虑对方的品牌形象、受众群体是否与自己相符，以及对方的影响力和号召力是否足够强大。无论是内容联动还是互推，都要确保内容的质量和相关性。只有高质量的内容才能吸引用户的关注和兴趣，从而实现更好的传播效果。在进行内容联动和互推时，要遵守各平台的规则和政策，避免违规操作导致的不良后果。

4. 线下活动结合线上推广

线下活动结合线上推广是一种综合性的营销策略，旨在通过线上线下的互补与融合，扩大活动的覆盖范围，提升品牌知名度和用户参与度。

在进行线下活动结合线上推广时，首先需要明确活动的目标和预期效果，比如增加品牌曝光、促进产品销售、增强用户黏性等。根据目标设计线下活动的主题、内容、形式等，并确保活动具有吸引力和互动性。在活动前，通过社交媒体、官方网站、电子邮件等线上渠道发布活动预告，吸引用户的关注和兴趣。可以发布活动海报、倒计时、参与方式等信息，并设置互动环节（如抽奖、问答）增加用户参与度。

在进行线下活动结合线上推广时，要注意以下 3 点。

- 线上线下融合：要确保线上线下活动的融合性和互补性，避免线上线下脱节或重复。可以通过线上预约、线下参与、线上分享等方式实现线上线下的无缝衔接。
- 用户体验：无论是线上还是线下活动，都要注重用户体验，提供优质的服务和产品、设计有趣的互动环节、营造舒适的环境氛围等都是提升用户体验的关键。
- 数据分析：活动结束后要进行数据分析和总结，评估活动效果和用户反馈，以便优化未来的活动策划和推广策略。同时，也要关注活动的 ROI，确保活动的经济效益和社会效益。

线下活动结合线上推广需要通过线下活动执行和线上推广与跟进两种方式进行推广，如图 8-10 所示。

1）线下活动执行

线下活动执行的推广策略如下。

图 8-10　线下活动结合线上推广方式

- 现场布置：确保活动现场布置符合主题，营造出良好的氛围和体验，可以设置拍照区、互动区、产品展示区等，方便用户参与和体验。
- 活动流程：按照策划好的流程执行活动，确保活动顺利进行。同时，可以安排主持人或引导员引导用户参与互动，提高活动的互动性和趣味性。
- 数据收集：在活动过程中，注意收集用户信息（如姓名、联系方式）和反馈意见，以便后续跟进和数据分析。

2）线上推广与跟进

线上推广与跟进策略如下。

- 实时直播：如果条件允许，可以通过直播平台对活动进行实时直播，让无法到场的用户也能感受到现场的氛围和精彩瞬间。直播过程中可以设置互动环节，如弹幕互动、抽奖等，增加用户的参与感。
- 社交媒体分享：鼓励现场用户通过社交媒体分享活动照片、视频或心得，并设置话题标签以便其他用户搜索和参与讨论。同时，品牌方也可以整理活动亮点和精彩瞬间，通过官方账号发布到社交媒体上，进一步扩大传播范围。
- 后续跟进：活动结束后，及时通过电子邮件、短信或社交媒体向参与者发送感谢信和活动回顾，同时邀请他们关注品牌后续的活动和优惠信息。对于收集到的用户信息和反馈意见，要进行整理和分析，以便优化未来的活动策划和推广策略。

子任务 8.2.3　推广效果评估

新媒体内容推广效果的评估是一个持续性的过程，需要不断关注数据指标的变化和用户反馈的收集与处理，并根据实际情况对推广策略进行必要的调整和优化。只有这样，才能不断提高内容推广的效果和效率，实现营销目标的达成。

在评估推广效果时，可以从数据指标分析与监测、用户反馈收集与处理、推广策略调整与优化三个方面进行评估。

1. 数据指标分析与监测

数据指标是评估新媒体内容推广效果的重要依据，通过实时收集和分析这些数据，可以了解内容的传播范围、用户参与度以及转化效果等关键信息。

1）关键数据指标

常见的关键数据指标有曝光量、点击量、转化率等，如表 8-1 所示。

表 8-1　关键数据指标

数据指标	指标衡量内容
曝光量	被展示给用户的次数
点击量	用户点击内容的次数

续表

数据指标	指标衡量内容
转化率	用户点击内容后采取进一步行动（如购买、注册等）的比例
用户互动数据	点赞数、评论数、分享数
留存率	在接触内容后一段时间内仍然保持活跃的比例

2）监测工具与方法

常见的监测工具与方法有网络分析工具、社交媒体管理平台和第三方数据提供商等，如表 8-2 所示。

表 8-2　监测工具与方法

监测工具	监测方法	常见的监测平台
网络分析工具	能够实时收集和分析网站或应用的数据，提供详尽的用户行为报告	Google Analytics、百度统计
社交媒体管理平台	可以整合多个社交媒体平台的数据，方便跨平台比较和分析	Hootsuite、Sprout Social
第三方数据提供商	提供更为专业和细分的数据服务，如用户画像、行业报告等，有助于深入理解市场趋势和用户行为	用户画像、行业报告

2. 用户反馈收集与处理

用户反馈是了解用户对内容推广活动态度和感受的重要途径，通过收集和处理这些反馈，可以及时发现问题并优化推广策略。

- 收集方式：设计有针对性的问卷，通过线上或线下方式发放给用户，收集他们对内容推广活动的反馈意见。与部分用户进行深度访谈，了解他们对内容的具体看法和感受，以及改进建议。关注社交媒体平台上用户对内容的评论和反馈，及时捕捉用户的声音。
- 处理方法：将收集到的反馈意见进行分类整理，归纳出用户的主要关注点和问题。针对用户反馈的问题，深入分析其背后的原因和影响因素。根据分析结果制定具体的改进措施，并落实到后续的内容推广活动中。

3. 推广策略调整与优化

根据数据指标分析和用户反馈收集的结果，对推广策略进行必要的调整和优化，以提高内容推广的效果和效率。

- 调整内容策略：根据用户反馈和数据指标表现，优化内容的质量、形式和呈现方式，提高用户的满意度和参与度。通过用户画像和数据分析，更精准地定位目标受众群体，制定更具针对性的内容推广策略。

- 优化推广渠道：定期评估不同推广渠道的效果和投入产出比，找出表现优异的渠道进行重点投入。根据市场趋势和用户行为变化，积极拓展新的推广渠道和方式，以扩大内容的传播范围和影响力。
- 实施个性化推荐：通过数据分析技术对用户行为进行深入挖掘和分析，了解用户的兴趣偏好和需求特征。基于用户画像和数据分析结果，为用户提供个性化的内容推荐和服务体验，提高用户的满意度和忠诚度。

任务 8.3　新媒体数据分析与优化

新媒体数据分析与优化是新媒体运营中的重要环节，通过对用户行为、内容表现等数据的深入分析，帮助运营者了解运营效果，发现问题，并据此调整策略和优化内容，从而提升新媒体平台的影响力和商业价值。

子任务 8.3.1　数据收集与整理

数据收集与整理是数据分析过程中不可或缺的重要步骤，它直接影响后续分析结果的准确性和可靠性。

1. 数据来源与收集方法

在进行新媒体数据分析与优化之前，需要先整理数据的来源，然后用各种方法进行数据收集。

1）数据来源

目前常见的新媒体平台包括微信、微博、抖音等社交媒体平台，腾讯、新浪等新闻和视频网站等。因此，新媒体数据主要来源于这些平台，如图 8-11 所示。

社交媒体平台

新闻和视频网站

App使用数据

网站流量日志

第三方数据平台

图 8-11　数据来源平台

- 社交媒体平台：如微博、微信、抖音、快手等，这些平台提供了用户行为数据、内容数据、互动数据等。

- 新闻和视频网站：如新浪、腾讯、优酷、爱奇艺等，这些数据来源可以提供用户浏览、点击、评论等数据。
- App 使用数据：各类移动应用程序在使用过程中产生的数据，包括用户行为、偏好、使用时长等。
- 网站流量日志：网站服务器记录的访问日志，包括访问量、访问时长、跳出率等。
- 第三方数据平台：如艾瑞咨询、易观分析、新榜等，这些平台提供了丰富的行业数据和竞品分析数据。

2）数据收集方法

进行数据分析前，找到合适的数据源是非常重要的一件事。在大数据时代，数据随处可见，面对数量庞大的新媒体数据，只依靠人工来采集数据显然是不可取的，因此，数据分析人员还需要借助一些新媒体数据采集工具来提升数据采集的效率。常见的新媒体数据采集方法有 API 接口、网络爬虫等，如图 8-12 所示。

图 8-12　数据收集方法

- API 接口：许多新媒体平台提供了 API 接口，允许开发者通过编程方式获取数据。这种方法通常具有数据量大、实时性强的特点。
- 网络爬虫：通过编写爬虫程序，模拟用户访问行为，从目标网站抓取数据。这种方法适用于数据量不大、更新频率不高的场景。
- 数据仓库：对于企业内部的数据，可以通过数据仓库进行集中存储和管理，以便后续进行数据分析和挖掘。
- 社交媒体监控工具：如 Hootsuite、SproutSocial 等，这些工具可以实时监控社交媒体平台上的数据，并提供数据分析和报告功能。

2. 数据清洗与整理

新媒体数据处理是指对采集到的新媒体数据进行清洗、加工、整理等方面的工作，为后面具体的新媒体数据分析做准备。

1）数据清洗

数据处理的第一步就是数据清洗，利用 Excel 进行数据清洗，能够有效保证数据清洗的准确性。通过 Excel 不仅可以检查数据格式，还可以进行数据去重、处理缺失值和异常值、数据验证和校验等数据清洗操作。

- 去除重复数据：在收集到的数据中，可能存在大量重复的记录，需要通过去重操作来保证数据的唯一性。
- 处理缺失值：对于数据中的缺失值，需要根据实际情况进行处理，如使用均值、中位数、众数填充，或者使用特定的算法进行预测。
- 纠正异常值：数据中可能存在一些异常值，这些值可能是由于错误或特殊原因造成的，需要进行纠正或删除。
- 统一数据格式：将不同来源的数据转换为统一的格式，以便后续的数据整合和分析。在检查数据格式时，应该重点关注如图 8-13 所示的 5 种格式问题。
- 验证和校验：使用正则表达式、规则引擎等工具对清洗后的数据进行验证和校验，确保数据的准确性和完整性。

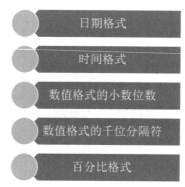

图 8-13　检查数据格式时应重点关注的格式问题

2）数据整理

在经过数据清洗以后，数据分析人员还需要根据数据分析的不同目的，对数据进行加工。数据加工是数据分析的一个重要步骤，在数据加工过程中，需要对不同项目的数据进行分类、转化、重组和计算。数据加工不仅可以增加数据表的信息量，还可以改变数据表的表现形式，从而激发更多的数据分析思路，发现更有价值的数据信息。

- 数据分类：将收集到的数据按照不同的维度进行分类，如用户行为数据、内容数据、互动数据等。
- 数据转换：数据表中数据的统计形式一定要便于后期数据分析工作的开展，如行列的字段设置、数据的记录方式等都要方便后期的数据分析能够顺利进行。如果数据的统计形式不符合数据分析的要求，就需要对其进行转换。
- 数据整合：由于数据分析的目的不同，所需的数据项目也会有所不同。在统计数据时，当数据项目不符合数据分析需求时，需要对数据进行整合，如拆分数据、合并数据或者抽取数据等，使数据表中的数据通过整合以后能够满足数据分析的要求。
- 数据计算：数据计算是重要的数据加工过程，包括计算出数据项目的和、乘积、平均值等。

- 数据标准化：对数据进行标准化处理，如统一时间格式、统一度量单位等，以便进行跨平台、跨时间的数据比较和分析。
- 数据排序与分组：根据分析需求对数据进行排序和分组，以便更直观地展示数据特征和趋势。

子任务 8.3.2　数据分析方法

新媒体数据分析方法包括文本分析法、用户行为分析法、社交网络分析法、数据可视化法、机器学习法、大数据分析法及 A/B 测试法等，如图 8-14 所示。这些方法各有侧重，涵盖从文本内容分析到用户行为研究，再到社交网络和大规模数据处理的各个方面。通过综合运用这些方法，可以深入了解用户需求，优化内容策略，提升市场竞争力。

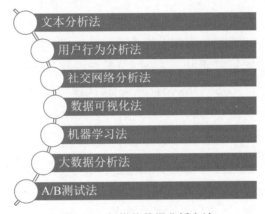

图 8-14　新媒体数据分析方法

1. 文本分析法

文本分析法是通过分词、词性标注和情感分析等技术，挖掘出文章的主题、观点和情感倾向等信息。这种方法在新闻和评论等领域应用广泛。例如，通过对一篇新闻文章进行文本分析，可以迅速了解其核心观点和情感倾向，判断该新闻可能对公众的影响。

2. 用户行为分析法

用户行为分析法通过收集用户的点击、浏览、点赞、评论等行为数据，分析用户的兴趣爱好和需求偏好。例如，一个媒体平台可以通过分析用户的浏览历史和点赞行为，为用户推荐更符合其兴趣的文章或视频，从而提高用户的黏性和活跃度。

在产品运营过程中，用户行为分析有助于找到实现用户自增长的病毒因素、群体特征与目标用户，从而推动产品迭代、实现精准营销和提供定制服务。用户行为分析法常用的数据采集方式是：平台设置埋点和第三方统计工具，其关键指标包含黏性指标（如新用户数与比例、活跃用户数与比例、用户转化率等）、活跃指标（如活跃用户、新增用户、回访用户等）和产出指标（如页面浏览数 PV、独立访客数 UV、点击次数等）。

在使用用户行为分析法时，可以采用以下几种方法。

- 数据收集：通过平台工具收集用户的点击、浏览、停留时间、点赞、评论、分享、购买等行为数据。
- 行为建模：利用统计学方法和机器学习算法，对用户行为进行建模，分析用户的行为模式、习惯以及可能的需求。
- 用户画像：基于用户行为数据，构建用户画像，包括用户的基本信息、兴趣爱好、消费习惯等，以便进行个性化推荐。
- 路径分析：分析用户在不同页面、不同产品之间的跳转路径，了解用户的浏览和购买流程，优化页面布局和导航设置。
- 转化分析：分析用户从浏览到转化的全过程，找出影响转化的关键因素，优化转化流程，提高转化率。

3. 社交网络分析法

社交网络分析法通过研究社交媒体上的关系网络，揭示信息的传播路径和影响力。例如，微博上的一个热门话题可以通过社交网络分析法追踪其传播路径，了解哪些关键节点（如大 V 或媒体账号）在推动这一话题的传播。社交网络分析法可以帮助了解舆论导向、把握传播节奏，并应用于政治、经济、教育、医疗等多个领域。

4. 数据可视化法

数据可视化法将复杂的数据通过图表、地图等形式进行直观展示，使数据的内涵和外延更加易懂。例如，通过绘制一幅柱状图或折线图，可以清晰地展示不同文章的阅读量和点赞量，快速把握关键信息，如图 8-15 所示。

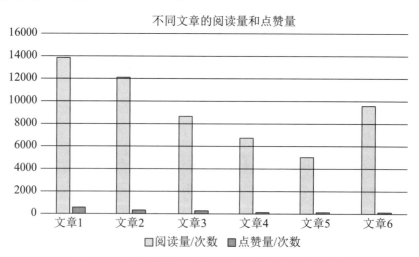

图 8-15　用柱形图展示不同文章的阅读量和点赞量

5. 机器学习法

机器学习法利用聚类、分类和回归等算法，深入挖掘数据中的规律和趋势。例如，可以利用机器学习算法预测某篇文章可能的阅读量和点赞量，从而决定是否进行大力推广。机器学习法一般能够在数据分析、预测模型构建等方面发挥重要作用。

6. 大数据分析法

大数据分析法通过对海量数据的存储、处理和分析，挖掘有价值的信息，支持企业决策和市场预测。例如，通过对几个月甚至几年的数据进行分析，可以发现某一内容类型在不同时间段的表现规律，为内容创作和发布策略提供依据。

7. A/B 测试法

A/B 测试法通过对比不同变量的控制实验结果，找到最优解。例如，可以对比测试两种不同的文章标题，看哪一种更能提高阅读量和互动率，从而优化内容策略。

A/B 测试法在优化产品、提高转化率等方面具有重要作用。通过对比不同版本的效果，选择表现更好的版本进行推广。

子任务 8.3.3　数据优化策略

新媒体数据优化策略主要应用在内容优化、发布时间与时段优化以及推广策略优化方面，如图 8-16 所示，通过深入挖掘和分析运营数据，并根据数据结果优化决策，提升新媒体的运营效果。

图 8-16　新媒体数据优化策略

1. 内容优化

新媒体内容优化主要从用户兴趣分析、内容主题调整、内容版式优化、标题和摘要设计 4 个方面进行优化。

- 用户兴趣分析：通过对用户行为数据的分析，了解用户的兴趣偏好是内容优化的第一步。例如，可以通过分析用户的浏览量、点赞量、评论量等数据，找出哪些类型的内容更受欢迎。此外，利用文本分析工具对用户评论进行情感分析，可以进一步洞察用户的情感需求和态度。

- 内容主题调整：基于用户兴趣分析的结果，调整内容的主题和形式。如果发现某一类内容特别受用户关注，可以增加该类内容的发布量；反之，则减少或调整其发布策略。例如，时尚媒体通过分析用户评论和分享数据，发现用户对某一时尚话题的关注度持续上升，于是围绕这一话题推出一系列深度报道和专题活动，成功吸引了大量用户关注和参与。

- 内容版式优化：视觉效果对内容吸引力至关重要。通过对不同内容版式的效果进行分析，可以优化内容的呈现方式，使其更具表现力和引导性。例如，通过改进文章的排版、图片和视频的使用，增强内容的视觉冲击力和情感表现力，从而提高用户的阅读率和互动率。

- 标题和摘要设计：用户在浏览新媒体平台时，通常会先浏览标题和摘要，再决定是否深入阅读。因此，精心设计标题和摘要是吸引用户注意力的关键步骤。例如，采用引人入胜的故事化标题或者提出引发好奇心的问题，都可以有效提高用户的点击率和阅读率。

2. 发布时间与时段优化

新媒体数据的发布时间与时段优化主要从用户活跃度分析、时段对比测试、事件影响分析、季节性调整 4 个方面进行优化。

- 用户活跃度分析：通过数据分析找出用户活跃度较高的时间段，并在这些时段发布内容，以提高曝光率和互动率。例如，通过分析历史数据发现晚上 7—9 点是用户活跃度最高的时段，那么在这个时间段发布内容可能会取得更好的效果。

- 时段对比测试：不同的新媒体平台和用户群体可能有不同的活跃时间段，因此需要进行 A/B 测试，对比不同时间段内容发布的效果。例如，某新媒体平台通过测试发现，周末发布的视频内容受到更多关注和转发，于是调整发布策略，在周末增加视频内容发布频率，从而显著提升了粉丝互动率和转化率。

- 事件影响分析：特定事件（如节假日、重大新闻事件等）也会对用户的活跃度和内容表现产生影响。通过分析这些事件期间的数据，可以优化内容发布计划。例如，在节假日期间发布与节假日相关的内容，更容易引发用户的共鸣和互动。

- 季节性调整：用户需求和兴趣在不同季节可能会发生变化，因此内容发布计划也需要根据季节进行调整。例如，在夏季发布与冷饮、空调等相关的内容，而在冬季发布与暖气、保暖衣物等相关的内容，更符合用户的实际需求。

3. 推广策略优化

新媒体数据的推广策略优化主要从广告投放策略、多渠道整合推广、关键意见领袖（Key Opinion Leader，KOL）与关键意见消费者（Key Opinion Consumer，KOC）合作、内容营销与互动提升 4 个方面进行优化。

- 广告投放策略：通过分析用户行为路径和转化效果，优化广告投放的时机、位置和方式。例如，如果数据显示用户在某一时间段内对广告的点击率较高，则可以在该时段增加广告投放量。通过 A/B 测试比较不同广告创意和投放位置的效果，可以找到最优的广告方案。

- 多渠道整合推广：不同的新媒体平台具有不同的特点和受众群体，因此需要根据目标受众的喜好和行为习惯，选择合适的传播渠道进行整合推广。例如，年轻人可能更多地使用抖音、快手、小红书等平台，而中老年人则可能更频繁地使用微信、微博等平台。

- KOL 与 KOC 合作：KOL 和 KOC 在新媒体推广中具有重要作用。通过与他们合作，可以利用其影响力和粉丝基础，扩大品牌知名度和影响力。例如，在选择 KOL 时，不仅要看其粉丝数量，还要分析其粉丝的活跃度和互动率，以确保合作的效果。

- 内容营销与互动提升：通过内容营销提升品牌认知度和用户黏性，同时通过互动活动增强用户参与感和忠诚度。例如，举办线上抽奖、用户问答等活动，鼓励用户分享和转发，可以提高品牌的曝光率和用户转化率。

任务 8.4　新媒体内容运营与管理

新媒体内容运营指的是运营者利用新媒体渠道，通过文字、图片、视频等形式将企业信息友好地呈现在用户面前，并激发用户参与、分享、传播的完整运营过程。它是新媒体运营的重要组成部分，旨在通过优质内容吸引和留住用户，提升品牌影响力和用户黏性。而新媒体内容管理是指对新媒体平台上发布的内容进行规划、组织、控制、监督和优化的一系列活动。它旨在提高内容质量，吸引更多用户关注，提升品牌影响力。因此，新媒体内容运营与管理是一个复杂而系统的过程，需要运营者具备多方面的能力和素质。通过不断优化内容策略、提升内容质量、加强用户互动和数据分析等手段，可以实现新媒体内容的最大化利用和品牌影响力的持续提升。

子任务 8.4.1　内容规划与创作

在进行新媒体内容规划与创作的过程中，内容定位与风格、创作流程与规范、内容更新频率与节奏是三个核心要素，如图 8-17 所示。通过明确内容定位与风格、制定创作流程与规范、掌握内容更新频率与节奏等策略，可以有效提高内容的质量和传播效果。

图 8-17　内容规划与创作的核心要素

1. 内容定位与风格

新媒体内容定位与风格是新媒体运营中不可或缺的两个方面。通过明确的内容定位和独特的风格塑造，可以吸引和留住目标受众，实现品牌传播和营销目标。

1）内容定位

新媒体内容定位是指在新媒体平台上，根据目标受众的需求、兴趣、行为特征等因素，确定所发布内容的主题、方向、风格等，以吸引和留住目标受众，实现品牌传播和营销目标。

新媒体内容定位的核心要素是受众定位、主题定位、形式定位和平台定位，下面将分别进行介绍。

● 受众定位：明确目标受众的年龄、性别、地域、职业、兴趣等特征，以便更好地满足其需求和期望。这需要对受众进行深入的市场调研和数据分析，了解他们的需求和偏好。

● 主题定位：选择与品牌形象、产品特点、市场趋势等相符合的主题，确保内容具有相关性和吸引力。主题定位应与时俱进，紧跟社会热点和行业动态，以引起受众关注和兴趣。

● 形式定位：根据目标受众的喜好和平台特点，选择合适的内容形式，如文字、图片、视频、音频、直播等。不同形式的内容具有不同的传播效果和受众接受度，需要根据实际情况进行选择和优化。

● 平台定位：针对不同的新媒体平台（如微信公众号、微博、抖音、快手等），制定不同的内容策略和推广方式。不同平台具有不同的用户群体和规则限制，需要有针对性地进行内容定位和推广。

在确定了新媒体内容定位后，可以按照如图 8-18 所示的步骤进行实施。

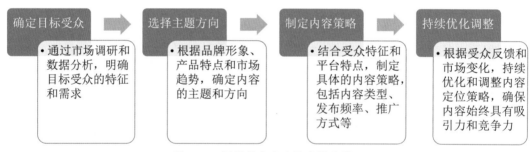

图 8-18　新媒体内容定位实施步骤

2）新媒体风格

新媒体风格是指在新媒体平台上所呈现出的整体视觉和语言表达方式，包括文字风格、图片风格、视频风格等。它反映了品牌的形象、个性和价值观，是吸引和留住受众的重要因素。新媒体风格包含文字风格、图片风格和视频风格三个核心要素。

● 文字风格：简洁明了、易于理解是基本要求。同时，根据品牌定位和受众特征，可以选择幽默风趣、严肃专业、亲切温暖等不同的文字风格。文字风格应与品牌形象相符合，并能够引起受众的共鸣和兴趣。

- 图片风格：图片是新媒体内容的重要组成部分，其风格直接影响受众的视觉效果和感受。图片风格应与内容主题相符合，具有吸引力和美感。同时，要注意图片的版权问题和合规性。
- 视频风格：视频是近年来新媒体平台上越来越受欢迎的内容形式。视频风格应注重画面的美感、剪辑的流畅性和内容的吸引力。同时，要根据受众的喜好和平台特点选择合适的视频风格和表现手法。

在清楚新媒体内容风格后，可以通过如图 8-19 所示的方法来塑造新媒体内容风格。

图 8-19　塑造新媒体内容风格的方法

2. 创作流程与规范

新媒体内容创作流程与规范是确保内容质量、提升传播效果的重要环节。

1）创作流程

新媒体内容的创作流程分为需求分析、选题策划、内容撰写、审核修改和发布推广 5 大流程，如图 8-20 所示。

图 8-20　新媒体内容的创作流程

- 需求分析：深入了解受众需求和市场趋势，明确内容创作的目标和方向。
- 选题策划：根据需求分析结果，选择合适的选题并进行策划。这包括确定内容大纲、结构、角度等。
- 内容撰写：按照选题策划进行内容撰写，注意语言的准确性和流畅性，以及内容的逻辑性和吸引力。
- 审核修改：对撰写的内容进行审核和修改，确保内容的准确性和合规性，以及风格的统一性和一致性。
- 发布推广：将审核通过的内容发布到相应的新媒体平台，并进行推广和传播，以扩大内容的影响力。

2）创作规范

在进行新媒体内容创作时，要遵守原创性和合规性的创作规范。坚持原创内容创作，避免抄袭和洗稿等行为。原创内容能够体现作者的独特见解和风格，提高内容的价值性和吸引力，并确保内容符合相关法律法规和平台规定，避免涉及敏感话题和违禁内容。合规性内容能够保护作者和平台的合法权益，避免不必要的风险。

3. 内容更新频率与节奏

在规划与创作新媒体内容时，还要保持内容的更新频率与节奏。保持内容的更新频率与节奏需要遵循 4 个原则，如图 8-21 所示。

- 稳定性：保持内容更新的稳定性，避免长时间不更新或频繁更新导致受众流失。稳定的更新频率能够培养受众的阅读习惯，提高受众的黏性。
- 灵活性：根据受众反馈和市场变化，灵活调整　　图 8-21　内容更新频率与节奏的原则
内容更新的频率。在热门话题和节假日等关键时期，可以适当增加更新频率以吸引更多关注。
- 规律性：建立内容更新的规律性，如每天、每周或每月固定时间更新。这有助于受众预测和期待内容的发布，提高受众的期待值和满意度。
- 多样性：在保持更新节奏的同时，注重内容的多样性。通过不同类型、不同角度的内容更新，满足受众的多元化需求，提高内容的吸引力和传播力。

子任务 8.4.2　用户互动与维护

新媒体的用户互动与维护是提升用户黏性、增强品牌影响力的重要手段。在进行用户互动与维护时，一般从用户反馈处理、社群管理与维护、粉丝互动活动组织 3 方面进行，如图 8-22 所示。

图 8-22　用户互动与维护策略

1. 用户反馈处理

用户的反馈处理包含倾听用户声音、及时回应和分析反馈数据 3 方面。

- 倾听用户声音：在新媒体平台上，企业应积极倾听用户的声音和反馈，关注用户

的评论、私信和投诉。这有助于企业了解用户的真实需求和意见。通过设置专门的客服账号或工具，确保用户反馈能够及时被接收和处理。

- 及时回应：对于用户的反馈，企业应迅速响应，给出明确的答复或解决方案。这能够体现企业对用户的重视和尊重，增强用户的信任感。对于无法立即解决的问题，企业应向用户说明情况，并承诺尽快处理，同时保持与用户的沟通，直至问题解决。
- 分析反馈数据：企业应定期对用户反馈进行整理和分析，识别出共性问题、用户需求和改进点。这有助于企业优化产品和服务，提升用户体验。

2. 社群管理与维护

社群管理与维护包含明确定位和目标、建设良好的社群文化、提供有价值的内容、积极互动和回应、处理违规行为 5 方面。

- 明确定位和目标：在建立社群之前，企业应明确社群的定位和目标，确定社群的核心价值和运营策略。例如，社群可以围绕特定的产品或服务、兴趣爱好或价值观等建立。
- 建设良好的社群文化：社群文化是社群管理的基石。企业应塑造积极向上的社群氛围，鼓励成员分享、互助和成长。通过制定社群规则、举办线上活动等方式，增强社群的凝聚力和归属感。
- 提供有价值的内容：企业应定期在社群中发布有价值的内容，如行业资讯、产品教程、用户案例等。这有助于吸引和留住用户，提高社群的活跃度。
- 积极互动和回应：社群管理不仅仅是内容的发布，更重要的是与用户的互动。企业应积极回应用户的问题和反馈，与用户建立良好的互动关系。同时，通过举办问答、投票等活动，增强用户的参与感和归属感。
- 处理违规行为：对于社群中的违规行为，如广告、恶意评论等，企业应采取相应的措施进行处理，确保社群的健康和安全。

3. 粉丝互动活动组织

粉丝互动活动组织包含活动策划、活动宣传、活动执行和活动总结 4 方面。

- 活动策划：企业应根据用户需求和兴趣点，策划有趣的互动活动。活动形式包括抽奖、答题、挑战赛等。通过活动，企业可以吸引用户的参与和关注，提高品牌曝光度。
- 活动宣传：通过新媒体平台、社交媒体等渠道对活动进行宣传和推广，确保目标用户能够及时了解活动信息并积极参与。
- 活动执行：在活动执行过程中，企业应确保活动的顺利进行。同时，及时回应用户的问题和反馈，提升用户的参与体验。
- 活动总结：活动结束后，企业应对活动进行总结和评估。分析活动效果、用户反馈和改进点，为未来的活动提供经验和参考。

子任务 8.4.3　版权保护与风险管理

新媒体内容版权保护与风险管理是新媒体领域的重要议题，涉及版权意识培养、版权保护措施以及风险管理策略的制定与执行。新媒体内容版权保护与风险管理需要政府、企业、创作者和社会各界的共同努力。通过加强版权意识培养、采取有效的版权保护措施以及制定和执行科学的风险管理策略，可以构建一个健康、有序的新媒体内容生态环境。

1. 版权意识培养

版权意识培养包含加强法律教育、提升创作者版权意识和倡导尊重版权文化 3 个方面。

- 加强法律教育：政府、学校和社会组织应加强对版权法律法规的宣传和教育，提高公众对版权的认知和理解。通过举办讲座、培训、宣传活动等形式，普及版权知识，增强公众的版权保护意识。

- 提升创作者版权意识：创作者应充分认识到自己作品的版权价值，了解版权保护的重要性。在创作过程中，主动采取措施保护自己的版权，如在作品上标注版权信息、及时申请版权登记等。

- 倡导尊重版权文化：通过媒体宣传、舆论引导等方式，营造尊重版权的社会氛围。鼓励用户在使用他人作品时尊重版权，遵守相关法律法规，不随意复制、传播侵权内容。

2. 版权保护措施

版权保护有技术手段保护、建立版权保护机制以及法律手段维权 3 种常见措施。

- 技术手段保护：采用数字水印、版权管理信息等技术手段，对作品进行加密和标识，以便在发生侵权时能够追踪和识别。同时，利用区块链等先进技术，提高版权保护的透明度和可信度。

- 建立版权保护机制：政府应加强对新媒体平台的监管，建立完善的版权保护制度。平台方应建立健全的版权审核机制，对上传的内容进行严格审查，防止侵权内容的传播。同时，设立版权投诉渠道，及时处理侵权投诉。

- 法律手段维权：对于侵犯版权的行为，创作者和版权所有者应依法维权。通过诉讼、调解等方式，追究侵权者的法律责任，维护自己的合法权益。

3. 风险管理策略制定与执行

在进行风险管理策略制定与执行时，可以从建立健全的内部审查制度、加强数据安全保护、建立舆情监控系统和加强合作与联动 4 方面实施。

- 建立健全的内部审查制度：企业应设立专门的新媒体部门或团队，负责对发布的信息进行审核，确保内容符合法律法规和社会道德要求。同时，建立内容原创度检测机制，降低抄袭和侵权的风险。

- 加强数据安全保护：采用先进的数据加密技术保护用户数据的安全性，定期进行数据备份，防止因意外情况导致数据丢失或被泄露。

● 建立舆情监控系统：通过专业的舆情监控工具实时关注网络舆论动态，及时发现并处理与版权相关的负面信息。这有助于企业及时应对潜在的版权风险，维护品牌形象和声誉。

● 加强合作与联动：与行业协会、版权保护组织等建立合作关系，共同推动版权保护工作的开展。通过整合资源、共享信息等方式，提高版权保护的效率和效果。

项目实训　"云南大理"旅游内容发布与推广

在进行"云南大理"新媒体内容发布与推广时，可以涵盖多个方面，包括内容策划、平台选择、推广策略以及效果评估等。这个综合案例展示了新媒体内容发布与推广的完整流程和关键要素，通过精心策划和有效执行可以显著提升旅游目的地的知名度和美誉度。本案例具有 4 个亮点，如图 8-23 所示。

图 8-23　本案例的亮点

● 多渠道传播：利用微博、微信公众号、抖音 / 快手、小红书等多个新媒体平台进行内容发布与推广，实现多渠道覆盖。

● 创意内容：通过图文、视频、直播等多种形式展现大理的魅力，增加内容的多样性和趣味性。

● 互动营销：通过话题挑战、KOL/ 网红合作等方式增加用户互动性和参与感，提高品牌知名度和美誉度。

● 数据驱动：基于数据监测和用户反馈进行效果评估和策略调整，确保推广效果的最大化。

1. 案例背景

"云南大理"旅游目的地希望通过新媒体渠道进行内容发布与推广，以吸引更多游客前来旅游，提升目的地的知名度和美誉度。

2. 内容策划

1）主题定位

以"诗和远方，梦回大理"为主题，展现大理的自然风光、历史文化、民俗风情和特色美食等。

2）内容形式

● 图文：发布高质量的图片和文章，介绍大理的著名景点、历史文化故事、特色民宿等。

● 视频：制作精美的短视频，展示大理的四季美景、特色活动等，增加视觉冲击力。

● 直播：定期进行旅游直播，带领观众身临其境地游览大理，增加互动性和参与感。

3. 平台选择

● 微博：利用其广泛的用户基础和强大的社交属性，发布大理的旅游信息和互动话题，吸引用户关注和转发。

● 微信公众号：通过精细化运营，定期推送高质量的旅游文章和攻略，培养忠实读者群体。

● 抖音/快手：利用短视频平台的创意性和趣味性，发布大理的旅游短视频，吸引年轻用户群体。

● 小红书：分享大理的旅游攻略、美食推荐、拍照打卡点等，引领消费潮流，吸引女性用户群体。

4. 推广策略

● KOL/网红合作：与知名旅游博主、网红合作，邀请他们前往大理体验并分享旅行经历，利用其影响力扩大宣传范围。

● 话题挑战：在微博、抖音等平台发起与大理相关的话题挑战活动，鼓励用户参与并分享自己的旅行故事和照片。

● 广告投放：在目标用户群体集中的平台投放精准广告，提高品牌曝光度和转化率。

● 线下联动：与旅行社、酒店等合作伙伴开展线下活动，如旅游推介会、特色体验活动等，引导用户关注并参与线上互动。

5. 效果评估

● 数据监测：通过各平台的数据分析工具监测内容发布与推广的效果，包括阅读量、点赞量、转发量、评论量等关键指标。

● 用户反馈：收集用户的反馈意见和建议，了解用户对内容的接受程度和满意度。

● 效果总结：根据数据监测和用户反馈的结果进行总结分析，评估推广效果并调整后续策略。

项目总结

本项目介绍了新媒体平台与发布渠道的选择与应用、新媒体内容推广策略的制定与实施、直播内容策划的数据分析与优化技巧，以及直播营销与推广的全面策略，包括内容创作、用户互动、版权保护及风险管理。通过本项目的学习，读者能够掌握如何利用多样化的新媒体平台和发布渠道有效推广内容，设定并达成推广目标，运用数据分析提升直播内容质量，以及策划和执行高效的直播营销活动。最后，通过项目实训"云南大理"旅游内容的发布与推广，读者可以进一步巩固所学知识，实践在不同新媒体环境下的内容发布、推广策略、直播策划与营销技巧，全面提升"云南大理"旅游品牌的在线影响力和市场竞争力。